高等职业教育教材

食品微生物检验技术

张海芳　杨玉红　主编

·北京·

内 容 简 介

《食品微生物检验技术》以食品安全国家标准食品微生物学检验系列标准为蓝本，以技能训练为主线，旨在培养学生依据标准进行微生物检验的能力。本书分为绪论和七个项目，分别介绍了食品微生物检验基本技能，如显微镜的使用、培养基的制备、细菌的接种与分离、细菌形态观察及染色、霉菌酵母菌形态观察、微生物的菌种保藏等；食品微生物检验样品的采集和制备；食品中菌落总数的测定；食品中大肠菌群的测定；食品中霉菌和酵母菌的检验；食品中常见致病菌的检验，如金黄色葡萄球菌、沙门氏菌、志贺氏菌、单核细胞增生李斯特氏菌的检验；食品微生物快速检测技术，如菌落总数、大肠菌群、霉菌酵母菌，以及食品中常见致病菌的快速检测技术。此外，为提高学生的道德素养，本书还设有“趣味阅读”栏目。

本教材配有数字化资源（微课、操作视频等），可通过扫描二维码观看学习。

本书可作为高等职业教育食品类专业以及食品生物技术、保健食品质量与管理等相关专业教材，也可作为从事相关工作的研究人员和技术人员的参考用书。

图书在版编目（CIP）数据

食品微生物检验技术 / 张海芳，杨玉红主编 .— 北京 ：化学工业出版社，2024.6

ISBN 978-7-122-45436-2

Ⅰ. ①食… Ⅱ. ①张… ②杨… Ⅲ. ①食品微生物—食品检验 Ⅳ. ①TS207.4

中国国家版本馆 CIP 数据核字（2024）第 074165 号

责任编辑：王 芳 提 岩　　文字编辑：白华霞
责任校对：宋 玮　　装帧设计：关 飞

出版发行：化学工业出版社
（北京市东城区青年湖南街 13 号 邮政编码 100011）
印 刷：北京云浩印刷有限责任公司
装 订：三河市振勇印装有限公司
787mm×1092mm 1/16 印张 12 字数 256 千字
2024 年 6 月北京第 1 版第 1 次印刷

购书咨询：010-64518888　　售后服务：010-64518899
网 址：http://www.cip.com.cn
凡购买本书，如有缺损质量问题，本社销售中心负责调换。

定 价：36.00 元

编审人员名单

主　编　张海芳（内蒙古化工职业学院）

杨玉红（鹤壁职业技术学院）

副主编　苏晓燕（内蒙古化工职业学院）

隋　明（四川工商职业技术学院）

杨群华（广州汇标检测技术中心）

参　编（按照姓名汉语拼音排序）

胡海霞（内蒙古农业大学职业技术学院）

刘晓强（长春职业技术学院）

纳　日（内蒙古化工职业学院）

周鸿燕（济源职业技术学院）

主　审　刘　静（内蒙古商贸职业学院）

前言

食品微生物检验技术是食品检验检测技术专业和食品质量与安全专业的一门专业核心课程，通过该课程的学习与训练，学生能掌握食品微生物检验的基础理论知识、常规项目的检验原理，具备独立从事食品微生物检验的能力，培养规范、严谨、敬业的职业素养，为今后从事食品检验工作奠定良好基础。

本教材编写设计时打破了以知识传授为主的传统学科课程教学模式，转变为以任务引领为主导的课程教学模式，让学生通过完成具体任务来掌握相关理论知识。教材以职业能力培养为主线，以食品行业、企业的微生物检验职业岗位的需求为导向，以最新的食品安全国家标准或相关标准规范为依据，选取来源于食品行业和企业实际工作的项目任务，同时考虑职业院校学生专业技能大赛和1＋X证书相关知识、技能的考核要求，构建基于工作过程的食品微生物检验技术课程内容，体现了课、岗、赛、证的融合。

本教材是校企双元合作的新形态教材，充分利用现代化的教学手段和教学资源，将微生物检验操作视频以二维码的形式呈现，学习者扫描书中二维码即可快速、直观地学习检验方法。

本教材是由从事食品微生物检验的专业教师和行业技术人员，结合近年来教学研究和课程改革的经验和成果进行编写的。具体编写分工为：绪论、项目三、附录一、附录二由张海芳编写；项目一的任务一至任务三由杨玉红编写；项目一的任务四至任务七由刘晓强编写；项目二由纳日编写；项目四和项目六的任务一由苏晓燕编写；项目五由胡海霞编写；项目六的任务二至任务四由隋明编写；项目七由周鸿燕编写；张海芳、杨玉红负责全书的统稿工作。操作视频由张海芳、苏晓燕、杨群华完成。内蒙古商贸职业学院刘静担任本书的主审。

本书在编写过程中参考了大量文献资料，并得到了各编者学校及企业的大力支持，在此一并表示衷心的感谢！

鉴于编者的水平和时间有限，书中难免有不足之处，敬请各位同行和读者提出宝贵意见，以使教材得到充实和完善。

编者

2024年3月

目录

绪论 / 001

项目一 食品微生物检验基本技能 / 018

项目二　食品微生物检验样品的采集和制备 / 060

项目三　食品菌落总数的测定 / 077

项目四　食品中大肠菌群的测定 / 086

项目五　食品中霉菌和酵母的检验 / 097

项目六　食品中常见致病菌的检验 / 108

绪 论

学习目标

知识目标： 1. 掌握食品微生物实验室的基本要求。
2. 熟悉微生物实验室常用仪器设备的使用方法。
3. 熟悉常用玻璃器皿的名称和规格。
4. 了解食品微生物实验室及其设备配置情况。

技能目标： 1. 初步学会微生物实验室的设计。
2. 能熟练操作微生物实验室常用仪器设备并能做好日常维护。
3. 学会常用玻璃器皿的清洗、包扎和灭菌方法。

素质目标： 1. 培养严谨细致、精益求精的工匠精神。
2. 提高环保意识，培养职业道德和社会责任感。

一、食品微生物实验室的建设

（一）食品微生物实验室的基本要求

1. 技术要求

（1）检验人员的要求

应具有相应的微生物专业教育或培训经历，具备相应的资质，能够理解并正确实施检验。应掌握实验室生物安全操作和消毒知识。应在检验过程中保持个人整洁与卫生，防止人为污染样品。应在检验过程中遵守相关安全措施的规定，确保自身安全。有颜色视觉障碍的人员不能从事涉及辨色的实验。

（2）环境与设施的要求

实验室环境不应影响检验结果的准确性。实验区域应与办公区域明显分开。实验室工作面积和总体布局应能满足从事检验工作的需要，实验室布局宜采用单方向工作流程，避免交叉污染。实验室内环境的温度、湿度、洁净度及照度、噪声等应符合工作要求。食品样品检验应在洁净区域进行，洁净区域应有明显标示。病原微生物分离鉴定工作应在二级或以上生物安全实验室进行。

(3) 实验设备的要求

食品微生物检验实验室一般应配备的设备见表 0-1。

表 0-1　微生物检验实验室设备配置

设备类型	常用设备	用途
常规检验用品	培养皿、取样器皿、接种环、接种针、酒精灯、镊子、剪刀、消毒棉球、硅胶（棉）塞、微量移液器、吸管、洗耳球、试管、平皿、微孔板、广口瓶、量筒、玻璃棒及 L 形玻璃棒等	用于采样、分析等常规操作
温控设备	电热恒温培养箱、生化培养箱、震荡培养箱、恒温恒湿培养箱	用于微生物培养
	恒温水浴锅	用于培养基保温
	干燥箱	用于玻璃器皿干热灭菌
	冰箱、超低温冰箱	用于样品、菌种及试剂的储存
测量器具	电子天平、温度计、计时器、酸度计等	用于常规分析操作
定容设备	微量移液器、自动分液器等	用于常规分析操作
灭菌设备	超净工作台、生物安全柜	用于无菌操作
	高压灭菌锅	用于培养基等灭菌
其他设备	显微镜	用于微生物观察

实验设备应放置于适宜的环境条件下，便于维护、清洁、消毒与校准，并保持整洁与良好的工作状态。实验设备应定期进行检查和/或检定（加贴标识）、维护和保养，以确保工作性能和操作安全。实验设备应有日常监控记录或使用记录。

(4) 培养基的配制和管理

微生物检验实验室制备培养基原料（包括商业脱水配料和单独配方组分）应在适当的条件下储存，如低温、干燥和避光。所有的容器应密封，尤其是盛放脱水培养基的容器。不得使用结块或颜色发生改变的脱水培养基。除非试验方法有特殊要求，培养基、试剂及稀释剂配制用水应经蒸馏、去离子或反渗透处理，培养基要求无菌、无干扰剂和抑制剂。

培养基是微生物检验的关键试验材料，微生物检验实验室必须采用一定的方法对自配或购买的培养基的可靠性进行鉴定，确保培养基的有效性。自配的培养基必须保存配制记录。

(5) 标准物质和标准培养物

微生物检验实验室可使用国内或国外菌种保藏机构的标准菌株，或使用与标准菌株所有相关特性等效的商业派生菌株。将标准菌株传代培养一次制得标准储备菌株，使用深度冰冻或冻干的方法制备，标准储备菌株继代培养便是日常微生物检测所需工作菌株。一旦标准储备菌株被解冻，最好不要重新冷冻和再次使用。所有的标准培养物从储备菌株传代培养次数不得超过 5 次。

(6) 污染废物的处理

正确处理污染材料或许不会直接影响样品分析的质量，但微生物检验实验室应制订方案来减小其污染检测环境或设施的可能性。所有污染废物应在 121℃持续灭菌至少 45min。污染废物的最终弃置应符合国家、国际环境或健康安全规则。

2. 过程控制要求

(1) 数据记录

检验过程中应及时、准确地记录观察到的现象、结果和数据等信息。一般情况下不能对原始记录数据进行更改，但涉及仪器设备等特殊原因，必须要经过许可且要对修改数据进行标记并签字方可生效。

(2) 实验室应定期对实验用菌种、培养基、试剂等设置阳性对照、阴性对照和空白对照。

(3) 实验室应对重要的检验设备（特别是自动化检验仪器）设置仪器对比。

(4) 实验室应定期对实验人员进行技术考核和人员比对。

3. 结果控制要求

检验实验室应制订周期性检查程序以证实检测可变性（例如分析者之间的差异、设备或材料之间的差异等）处于控制之下，该程序应覆盖检验实验室的所有检测项目。检验实验室应尽可能参加与其检测范围相关的外部质量评估计划（如能力验证）和检验实验室对比试验。

4. 检测报告的要求

检验实验室应准确、清晰、明确和客观地报告每一项或一系列检测的结果，并符合检测方法中规定的要求。应制订政策及程序，确保检测结果只能送达被授权的接收者。

（二）无菌室设计的基本要求

微生物检验的核心是进行无菌操作，以保证环境中的微生物不进入样品中，从而保证结果的准确性。为了保证无菌操作，食品微生物检验需要在无菌室中进行，所有与待检样品接触的用具、材料都要经过灭菌或消毒。

1. 无菌室设计的基本要求

(1) 无菌室大小应能够满足检验工作的需要、内墙为浅色，墙面和地面应光滑，墙壁与地面、天花板连接处应呈凹弧形，无缝隙，无死角，易于清洁和消毒。

(2) 无菌室入口处应设缓冲间，缓冲间有足够的面积以保证操作人员更换工作服及鞋帽。

(3) 缓冲间及操作室内均应设置能达到空气消毒效果的紫外灯或其他适宜的消毒装置。

（4）用紫外线消毒物品表面时，应使照射表面受到紫外线的直接照射，且应达到足够的照射剂量。

（5）无菌室关键操作点及超净工作台操作区的净化级别应为100级。

2. 无菌室的使用与管理

（1）无菌室应保持清洁整齐，室内仅存放最必需的检验用具，如酒精灯、酒精棉、火柴、镊子、接种针、接种环、记号笔等。

（2）室内检验用具及桌凳等位置保持固定，不得随便移动。

（3）每2～3周用2%石炭酸水溶液擦拭工作台、门、窗、桌、椅及地面，然后用甲醛加热或喷雾灭菌，最后使用紫外灯杀菌0.5h。

（4）定期检查室内空气无菌状况。发现不符合要求时，应立即彻底消毒灭菌。

无菌室无菌程度的测定方法：取普通肉汤琼脂平板、改良马丁培养基平板各3个（平板直径均90mm），置于无菌室各工作位置上，开盖暴露30min，然后进行倒置培养。测定细菌总数应置于37℃恒温箱中培养48h，测定霉菌则应置于28℃恒温箱中培养5天。细菌、霉菌菌落总数均不得超过15个为合格。

（5）无菌室在使用前后应进行有效的消毒，在无菌室无人时可采取紫外线消毒，照射时间≥30min。室内温度＜20℃或＞40℃、相对湿度＞60%时，应适当延长照射时间。

（6）进入无菌室前，必须于缓冲间内更换经过消毒处理的工作服、工作帽及工作鞋。

（7）检验操作过程中应严格按照无菌操作规定进行，以保持环境的无菌状态。

（三）微生物检验的无菌操作要求

食品微生物检验实验室的工作人员，必须有严格的无菌观念，一是防止操作中人为污染样品；二是保证工作人员的安全，防止由于操作不当而造成个人污染。

1. 准备工作

（1）先进行无菌室空间的消毒，开启紫外灯30～60min即可。

（2）检验有关的材料在放入无菌室前必须经过灭菌。

（3）检验操作时穿着的工作服、帽和鞋等应放在无菌室缓冲间，使用前经紫外线消毒。操作人员必须将手清洗消毒，穿戴好消毒后的工作服、帽和鞋，才能进入无菌室。

（4）操作过程中可能产生潜在感染性物质喷溅，操作人员应将面部、口和眼遮住或采取其他防护措施。

（5）检验人员在开始检验操作前必须再一次消毒手部，方能开始操作。

2. 操作过程注意事项

（1）动作要轻，不能太快，以免搅动空气增加污染；玻璃器皿也应轻取轻放，以免其破损并污染环境。为了避免感染性物质从移液管中滴出而扩散，在工作台面应当放置一块吸有消毒液的纸，使用后将其按感染性废物处理。

（2）进行接种所用的吸管、平皿及培养基等必须经消毒灭菌。打开包装但未使用完的器皿，不能放置后再使用。金属用具应高压灭菌或用95%酒精灼烧灭菌3次后使用。

（3）从包装中取出吸管时，吸管尖部不能触及外露部位。用吸管接种于试管或平皿时，吸管尖不得触及试管或平皿边缘。若使用移液枪操作，则移液枪的枪头不能触及外露部位及平皿边缘。

（4）接种、转种菌体必须在酒精灯前操作，吸管从包装中取出及打开试管塞，都要通过火焰消毒。

（5）接种环、接种针等金属器材使用前后均需灼烧，灼烧时先通过内焰，使残留物灼烧干净后再用外焰灭菌。为了避免被接种物洒落，微生物接种环的直径应为2～3mm并完全封闭，柄长度应小于6cm以减小抖动。使用封闭式微型电加热器消毒接种环，能够避免在明火上加热引起的感染性物质爆溅。最好使用不需要再次灭菌的一次性接种环。

（6）使用吸管时，切勿用嘴直接吹吸吸管，而必须使用洗耳球、吸头操作，或使用移液器操作。不能向含有感染性物质的溶液中吹入气体。

（7）观察平板时不要开盖，如需挑取菌落检查时，必须靠近火焰区操作，平皿盖也不能大开，而是上下盖适当开缝。

（8）进行可疑致病菌涂片染色时，应使用镊子夹持载玻片，切勿用手直接拿载玻片，以免造成污染。用过的载玻片也应置于消液中浸泡消毒，然后再洗涤。

（9）工作结束，收拾好工作台上的样品及器材，最后用消毒液（含1%有效氯的溶液或3%过氧化氢的溶液）擦拭工作台。

（四）微生物检验的废弃物处理

（1）对于培养物及其污染的物品，如斜面、测试条、生物鉴定管、血清学鉴定用载玻片、细菌培养平皿、注射器等，应使用适当浓度的消毒剂处理一定时间，或采用121℃高压灭菌至少45min，或其他有效处理措施。

（2）将处理后的废弃物倒入特殊标识的垃圾袋内，直接送到指定地点。

（3）记录并保留废弃物和实验动物尸体处理的记录。

（五）微生物实验室的生物安全及规章制度

致病微生物是影响食品安全各要素中危害最大的一类，食品微生物污染是涉及面最广、影响最大、问题最多的一类污染，而且未来这种现象还将继续下去。据世界卫生组织（WHO）估计，全世界每分钟就会有10名儿童死于腹泻病，再加上其他的食源性疾病，如霍乱、伤寒等，在全世界范围内受到食源性疾病侵害的人数更令人震惊。

近年来国内食品行业在微生物实验室建设方面采取了许多措施，使我国在食品微生物检测方面已经有了很大进步，但是由于全国从事食品微生物检测的实验室数量多、技术水平不同，2004年以前我国一直没有微生物实验室建设的规范和标准，缺乏科学性和合理性，致使食品微生物实验室还存在许多严重影响检验结果准确性、溯源性和权威性的问题。《实验室　生物安全通用要求》（GB 19489—2008）、《病原微生物实验室生物安全风险管理指南》（RB/T 040—2020）、《生物安全实验室建筑技术规范》（GB 50346—2011）等有关生物实验室的相关管理条例和强制性技术规范的出台从多个方面规范了生物安全实验室的设计、建造、检测、验收的整个过程，从根本上改变了我国缺乏食品微生物实验室建筑技术规范和评价体系以及食品微生物实验室统一管理不规范的状况，把涉及生物安全的实验室建设和管理纳入标准化、法制化、实用和安全的轨道。

依据实验室处理感染性食品致病微生物的生物危险程度，可把食品微生物实验室分为与致病微生物的生物危险程度相对应的四级食品微生物实验室。其中，一级对生物安全隔离的要求最低，四级最高。不同级别食品微生物实验室的规划建设和配套环境设施不同。食品微生物实验室检测微生物的生物危害等级大部分为生物安全二级，少数为生物安全三级和四级。

微生物实验室是一个独特的工作环境，工作人员受到意外感染的报道很多，其原因主要是对潜在的生物危害认识不足、防范意识不强、物理隔离和防护不合理、人为过错和检验操作不规范等。与此同时，随着应用微生物学的不断发展，微生物产业规模日益扩大，一些原先被认为是非病原性且有工业价值的微生物的孢子和有关产物所散发的气溶胶，也会使从业人员发生不同程度的过敏症状，甚至影响到周围环境，造成难以挽回的损失。微生物实验室生物危害的受害者不仅限于实验者本人，同时还会危及周围同事。事实上还要考虑到，被感染者本人也是一种生物危害，作为带菌者，也可能污染其他菌株、生物剂，同时又是生物危害的传播者，这种现象必须引起高度重视。由此可见，微生物实验室的生物危害值得高度警惕，其危害程度远远超过一般公害。控制致病微生物污染是解决食品污染问题的主要内容之一，一方面要建立从源头治理到最终消费的监控体系，另一方面应加强对致病性微生物的检测。食品微生物检测是食品安全监控的重要组成部分，但由于微生物的特殊生物学特性，对致病性微生物的检测必须在特定的食品微生物实验室进行，不仅关系到食品微生物的检测质量，而且关系到个人安全和环境安全。

1. 微生物实验室的生物安全

（1）规范安全操作技术

运输样品时，应使用两层容器避免泄漏或溢出；在微生物操作中释放的大颗粒物质很容易在工作台台面及手上附着，应该戴一次性手套，最好每小时更换一次，实验中避免接触口、眼及脸部；鉴定可疑微生物时，各个防护设备应与生物安全柜及其他设施同时使用；工作结束，必须用有效的消毒剂处理工作区域。

（2）重视废弃物的处理

所用包含微生物及病毒的培养基，为了防止泄漏和扩散，必须放在生物医疗废物盒内经过去污染、灭菌后才能丢弃；所有污染的非可燃的废物在丢弃前必须放在生物医疗废物盒内；所有液体废物在排入下水道前必须经过消毒灭菌处理；碎玻璃在放入生物医疗废物盒之前，必须放在纸板容器或其他的防穿透的容器内；其他的锐利器具、所有的针头及注射器组合要放在抗穿透的容器内丢弃，针头不能折弯、摘下或者打碎，锐利器具的容器应放在生物医疗废物盒中。

（3）意外事故的处置及控制溢出

①意外事故的处置方案　在操作及保存二类、三类及四类危害微生物的实验室，一份详细的处理意外事故的方案《应急预案》是必需的。《应急预案》内容要与所有的人员沟通。实验室管理层、上一级安全管理层、单位保安、医院及救护电话都应张贴在所有的电话附近。应配备医疗箱、担架及灭火器。

②生物安全柜溢出事件的控制　为了防止微生物外溢，应立即启动去污染程序，用有效的消毒剂擦洗墙壁、工作台面及设备；用消毒剂充满工作台面、排水盘，并停留20min；用海绵将多余的消毒剂擦去。

2. 食品微生物学实验规章制度

（1）每次实验前必须对实验内容进行充分预习，了解实验的目的、原理和方法，做到心中有数，思路清楚，做好项目任务设计。

（2）认真及时地做好实验记录，对于当时不能得到结果而需要连续观察的实验，则需记下每次观察的现象和结果，以便分析。

（3）实验室内应保持整洁，切勿高声谈话和随便走动，保持室内安静。

（4）实验时小心仔细，全部操作应严格按操作规程进行，万一遇有盛菌试管或瓶不慎打破、皮肤破伤或菌液吸入口中等意外情况发生时，应立即报告指导老师，及时处理，切勿隐瞒。

（5）实验过程中，切勿使酒精、乙醚、丙酮等易燃药品接近火焰。如遇火险，应先关掉火源，再用湿布或沙土掩盖灭火。必要时用灭火器。

（6）使用显微镜或其他贵重仪器时，要求细心操作，特别爱护。对消耗材料和药品等要力求节约，用毕仍放回原处。

（7）每次实验完毕后，必须把所用仪器洗净放妥，将实验室收拾整齐，擦净桌面，如有菌液污染台面或其他地方时，可用3%来苏尔液或5%石炭酸液覆盖其上0.5h后擦去，如系芽孢杆菌，应适当延长消毒时间。凡带菌的工具（如吸管、玻璃刮棒等）在洗涤前必须浸泡在3%来苏尔液中进行消毒。

（8）每次实验需进行培养的材料，应标明自己的组别及处理方法，放于教师指定的地点进行培养。实验室中的菌种和物品等，未经教师许可，不得携出室外。

（9）每次实验的结果，应以实事求是的科学态度填入报告表格中，力求简明准确，并连同思考题及时汇交教师批阅。

（10）离开实验室前应将手洗净，注意关闭门窗、灯、火、煤气等。

微生物实验室的安全问题要高度关注，多参考相关组织机构出台的涉及实验室建设规范，生物安全标准，评价体系，标准操作规范，生物安全管理规范，废弃物处理、实验动物饲养、安全防护、安全培训的标准化和规范化体系，从制度上消除实验室生物安全隐患。

食品微生物学实验的目的是训练学生掌握微生物学最基本的操作技能；了解微生物学的基本知识；加深理解课堂讲授的食品微生物学理论。同时，通过实验，培养学生观察、思考、分析问题和解决问题的能力；培养学生实事求是、严肃认真的科学态度以及勤俭节约、爱护公物的良好作风。

二、食品微生物实验室常用仪器设备

食品微生物实验室配置的仪器设备应满足检验工作的需要。所需仪器设备应放置于适宜的环境条件下，便于维护、清洁、消毒与校准，并保持整洁与良好的工作状态。应定期进行检查、检定（加贴标识）、维护和保养，以确保工作性能和操作安全；并且要做好日常性监控记录和使用记录。

（一）培养箱

培养箱是用于培养微生物的设备，具有制冷和加热双向调温系统，温度可控，是生物制药、农业、林业、医疗卫生、环境保护等领域不可缺少的实验室设备，广泛应用于细菌、霉菌等微生物的培养、保存，植物栽培、育种实验等。

1. 培养箱使用步骤

（1）培养箱应放置在清洁整齐、干燥通风的工作间内。操作人员需仔细阅读使用说明，了解、熟悉培养箱功能后，才能接通电源。

（2）使用前，面板上的每个控制开关均应处于非工作状态。

（3）在培养架上放置试验样品，放置时各试瓶（或器皿）之间应保持适当间隔，以利于冷（热）空气的循环。

（4）接通外电源，将电源开关置于“开”的位置，指示灯亮。

（5）设置培养温度。

2. 培养箱使用注意事项

（1）停止使用培养箱时，应拔掉电源插头。

（2）培养箱距墙壁的最小距离应大于10cm，以确保制冷系统散热良好。

（3）室内应干燥，通风良好，相对湿度保持在85%以下，不应有腐蚀性物质存在，避免阳光直接照射在培养箱上。

（4）箱内不放过热过冷之物，每次取放培养物时，应尽快进行，且随手关闭箱门，以免影响恒温。

（5）对培养箱进行定期消毒，一般每月一次。断电后，先用3%的来苏尔溶液擦拭消毒，再用干净抹布擦干。

（二）干燥箱

干燥箱是一种常用于物品干燥的仪器，又称烘箱，加热范围一般为30～300℃，不同类型的干燥箱由于用途、要求不同，构造略有差异。其构造与传统的培养箱基本相同，只是底层的电热量大。它主要用于洗净的玻璃仪器的干燥，也可用于玻璃仪器灭菌，一般小型的干燥箱采用自然对流式传热。这种形式是利用热空气轻于冷空气形成自然循环对流的作用来进行传热和换气，达到箱内温度比较均匀并将样品蒸发出来的水汽排出去的目的。对于大型的干燥箱，如果完全依靠自然对流传热和排气就达不到应有的效果，一般安装有电动机带动电扇进行鼓风，达到传热均匀和快速排气的目的。

1. 干燥箱的使用方法与注意事项

（1）新购置的干燥箱，应核准所需电压与电源电压是否相符，是否配有足够容量的电源线和电源开关，并具有良好的接地线。

（2）开启电炉丝分组开关（按所需温度的高低来决定开启电炉丝的组数），打开鼓风机，帮助箱体热空气对流，此时红灯发亮。

（3）需要灭菌的玻璃仪器，如平皿、试管、吸管等，必须洗净并干燥后再行灭菌。放入箱内的器皿不宜过挤，散热底隔板不应放物品，不得使器皿与内层底板直接接触，以免影响热气向上流动。水分大的尽量放上层。

（4）接通电源后待温度计的读数到达需要的温度时，调节自动恒温器的调节钮，直至绿灯变亮，10min后再看温度计及指示灯，如果温度计所指示的温度超过需要的温度，而红灯还亮，可将控温调节按钮逆时针旋转一些，反复调节，使之达到所需温度为止。

（5）当温度逐渐上升至160℃，维持2h即可达到灭菌目的，温度如超过170℃，则器皿外包裹的纸张、棉塞会被烤焦甚至燃烧。

（6）灭菌完毕，不能立即开门取物，需关闭电源，待温度自动下降至50℃以下再开门取物，否则玻璃器材可因骤冷而爆裂。

（7）欲干燥玻璃仪器时，温度为120℃左右，持续30min，并打开顶部气孔。以利水蒸气散出，箱上如装有鼓风设备可加速干燥。

（8）箱内不应放对金属有腐蚀性的物质，如酸、碱等，禁止烘焙易燃、易爆、易挥发的物品，如必须在干燥箱内烘干纤维质类和能燃烧的物品，如滤纸、脱脂棉等，则不要使箱内温度过高或时间过长，以免着火。

（9）观察箱内情况，一般不要打开玻璃门，隔玻璃门观察即可，以免影响恒温。干燥箱恒温后，一般不需人工监视，但为防止控制器失灵，仍需有人经常照看，不能长时间远离。干燥箱内壁、隔板如生锈，可刮干净后涂上铝粉、银粉、铅粉或锌粉，箱内应保持清洁，经常打扫。

（10）如器皿事先用纸包裹或带有棉塞，则灭菌后，在适宜的环境下保存可延长无菌状态达一周之久。

2. 常见故障排除

（1）电炉丝烧断。可将电热隔板抽出，将烧断的电炉丝拆下，换上同规格的电炉丝，如无新的电炉丝，可将断处表面氧化层刮干净，接上后暂用一段时间。

（2）指示灯不亮，灯泡损坏。可拆开电气盖板换上同规格的新灯泡。

（3）干燥箱鼓风机不转动。可能是炭刷磨损，可旋开装接炭刷的螺帽，换上同规格的新炭刷，如是电动机线圈烧坏，应送专业部门修理。

（三）高压蒸汽灭菌锅

高压蒸汽灭菌锅的使用

高压蒸汽灭菌锅是利用湿热（高压蒸汽）对微生物杀菌的设备，高压蒸汽灭菌锅装置严密，输入蒸汽不外逸，温度随蒸汽压力增高而升高，当压力增至103～206kPa时，温度可达121.3～132℃。高压蒸汽灭菌法就是利用高压和高热释放的潜热进行灭菌，其为目前可靠而有效的灭菌方法，适用于耐高温、耐高压、不怕潮湿的物品，如敷料、手术器械、药品、细菌培养基等。高压蒸汽灭菌的关键是为热的传导提供良好条件，而其中最重要的是使冷空气从灭菌器中顺利排出。因为冷空气导热性差，会阻碍蒸汽接触欲灭菌的物品，并且还可降低蒸汽压力使之不能达到应有的温度。

1. 高压蒸汽灭菌锅的使用方法

（1）打开电源，首先在内外两层锅中间，加入适量的水，至“高水位”指示灯亮即可。

（2）设置灭菌参数，如121℃，15min。

（3）装入待灭菌物品，加盖。

（4）灭菌开始，此时应打开排气阀，待冷空气排尽后（观察排气阀排气，直到有连续白色蒸汽冒出，关闭排气阀，排气结束），关上排气阀让锅内的温度逐渐上升，当锅内达到所需压力时，维持压力至所需时间。

（5）灭菌结束，待压力表的压力降至零位时，打开排气阀，打开盖子，取出灭菌物品。

2. 使用注意事项

（1）待灭菌物品不要装得太挤，以免妨碍蒸汽流通影响灭菌效果，三角瓶口不要与桶壁接触，以免冷凝水淋湿包口的纸而透入棉塞。

（2）当压力不为零时，不能开盖取物，否则由于压力突然下降，容器内外压力不平衡而冲出烧瓶口或试管口。造成棉塞沾染而发生污染，甚至烧伤操作者。

（3）高压灭菌锅上的安全阀，是保障安全使用的重要构件，不得随意调节；应注意保证安全阀没有被高压灭菌物品中的纸等堵塞。

（4）灭菌器的排水过滤器（如果有）应该每天拆下清洗。

（5）定期检测灭菌效果。经高压蒸汽灭菌的无菌包、无菌容器有效期以1周为宜。

（四）超净工作台

超净工作台的使用

超净工作台是微生物实验室常用的无菌操作设备，它能在局部造成高洁净度的环境。其工作原理是借助箱内鼓风机将外界空气强行通过一组过滤器，净化的无菌空气连续不断地进入操作台面，并且台内设有紫外线灭菌灯，可对环境进行杀菌，保证了超净工作台面的正压无菌状态。

1. 超净工作台的操作方法与注意事项

（1）使用前首先检查电源电压是否与超净工作台要求相符，否则要请电工布好线，达到要求后才能使用，电源通电后检查风机转向是否正确，风机转向不对，则风速很小，应请电工将电源输入线调整。

（2）超净工作台应安装在远离震动和噪声大的地方。

（3）使用时，提前50min开机，同时开启紫外线灭菌灯，对工作区域进行照射，处理操作区表面微生物，30min后关闭灭菌灯。

（4）灭菌灯关闭后20～30min开启日光灯，启动风机。

（5）操作时，操作区内不允许存放不必要的物品，保持工作区的洁净气流不受干扰。

（6）工作完毕后停止风机运行，关闭日光灯，把防尘板放下，开启灭菌灯30min后关闭。

（7）使用过程如发现问题应立即切断电源，报修理人员检查修理。

2. 维护方法

（1）定期（一般为1周）对环境周围进行灭菌工作，同时经常用纱布沾酒精或丙酮等有机溶剂将紫外线灭菌灯表面擦干净，保持表面清洁。

（2）每3～6个月用仪器检查超净工作台性能有无变化，测试整机风速时，采用热球式风速仪，如操作区风速低于2.2m/s，应对初、中、高三级过滤器逐级进行清洗除尘。

（3）超净台应定期更换紫外线灭菌灯灯管及高效空气过滤器过滤膜、过滤网。

（五）离心机

离心机的主要用途是使液体标本达到离心沉淀的目的。离心机种类很多，如小型倾斜电动离心机、大型电动离心机、低速电动离心机、高速电动离心机、大型高速冷冻离心机等。小型倾斜电动离心机十分轻便，适合实验室应用，其中试管孔倾斜一定角度，能使沉淀物迅速下沉。试管孔上安置孔盖，以保证安全，离心机底座上装有开关和调速器，扭动后者可调节旋转速度。

使用中注意事项如下。

（1）离心机应放置于平稳的地方，且保持水平。

（2）先将装有标本的2个沉淀管连同离心机上的金属管（套管底部垫以棉花，以防沉淀管破碎）一起放于天平上，使双方质量相等，否则离心机快速转动时易打碎标本，并使离心机受损。

（3）已平衡的2个沉淀管置于离心机转盘的相对两端。

（4）先开启电源开关，然后缓慢转动调速器，徐徐增加速度。

（5）离心时间满足后，应先逐步降低速度，最后关闭电源开关，待其自然停转，不得用手强行制止。

（6）沉淀管需加棉塞时，离心前应将棉塞上端翻转并用橡皮圈扎紧，以免离心时棉塞沉入管内。

（7）使用过程中，若有离心机振动、出现杂音等现象，则表示离心管质量不平衡；若发出金属音，往往是离心管破裂造成的，均应立即停止工作，进行检查。

（8）离心机内外需经常保持清洁，轴心每月加油一次。

（六）冰箱

微生物实验室中的冰箱主要用于菌种、抗原和抗体等生物制品、培养基一级检验材料等物品的储藏。使用时应注意以下几点。

（1）先检查电源电压，再接上电源。

（2）冰箱应放在通风阴凉的房间内，注意离墙壁要有一定的距离，以利于散热。

（3）将温度调节器调至所需的温度，一般冷藏室的温度应为4℃，冷冻室的温度为0℃以下。

（4）打开冰箱取放物品时，要尽量缩短时间。过热的物品不得直接放入冰箱内，以免热量过多进入箱内，增加耗电量和冰箱的负荷。

（5）定期检查冰箱内的温度和保存物品的状态，发现异常应及时处理。

（6）冰箱内应保持清洁，如有霉菌生长，应先把电路关闭，将冰融化后进行内部清理，然后用福尔马林气体熏蒸消毒。

（7）保存烈性细菌病毒的冰箱，要专人保管，并要加锁。

（七）接种工具

接种环，也叫白金耳或铂耳，为微生物工作中接种分离或挑取菌落菌液不可缺少的工具。它由金属丝和接种柄两部分组成，金属丝安插在接种柄上。金属丝最好用铂金丝，因为铂的化学稳定性最好，且散热和吸热快。铂丝品贵，可用市售的镍铬丝或电炉丝代替。金属丝长60～80mm，一端制成直径2～4mm的圆环，不可有缺口，否则不易蘸取液体材料，另一端装在接种柄上。接种柄多为铝质并装有塑料握套。

在接种柄上安插一根金属丝者，称接种针；安插一个金属钩，称接种钩；在固体培养基表面要将菌液均匀涂布时，需要用到涂布棒。

三、食品微生物实验室常用玻璃器皿

（一）玻璃器皿的认识

食品微生物实验室常规玻璃器皿有试管、吸管、培养皿、广口瓶、杜氏小管、量筒、涂布棒、载玻片、三角瓶、烧杯等。

1. 试管

（1）大试管（18mm×180mm），多用于试管液体培养、制作斜面或分装倒平板用的培养基。

（2）中试管（15mm×150mm），多用于试管液体培养、进行血清学实验、制作斜面、样品梯度稀释等。

（3）小试管（10mm×100mm），常用于糖发酵或血清学实验，或其他需要节省材料的实验。

2. 杜氏小管

观察细菌在糖发酵培养基内是否产气或大肠菌群产气试验时，在小试管内倒置一小套管（约 6mm×36mm），此小管即杜氏小管，用于收集产生的气体。

3. 吸管

常用的有 1mL、2mL、5mL 和 10mL 规格的玻璃吸管，用于移取定量液体。

4. 培养皿

培养皿又称平皿，一套分为底和盖，常用的培养皿皿底直径 90mm，高 15mm，皿底皿盖均为玻璃（也有一次性培养皿，为聚苯乙烯塑料制成，通过环氧乙烷灭菌，灭菌后可以直接使用，一般 10 套/包）。使用时在培养皿内倒入适量固体培养基制成平板，可用于分离、纯化、鉴定菌种，活菌计数以及测定抗生素、噬菌体的效价等。

使用时一般采用单手持皿开盖，即用左手小指与无名指垫在培养皿底部，食指放在培养皿的盖上，大拇指与中指则卡在培养皿盖部的两侧，在酒精灯旁，利用大拇指与中指可以打开和关闭培养皿的盖子。此外，也可以将小指、无名指以及中指垫在培养皿的底部，而大拇指与食指卡在培养皿盖部的两侧，在酒精灯旁，利用大拇指与食指可以打开和关闭培养皿的盖子。

5. 三角瓶与烧杯

三角瓶有 100mL、250mL、500mL 和 1000mL 等不同规格，常用来装无菌水、培养基和振荡培养微生物等。常用的烧杯有 50mL、100mL、250mL、500mL 和 1000mL 等不同规格，用来配制培养基和各种溶液等。

6. 载玻片与盖玻片

载玻片 75mm×25mm，盖玻片 18mm×18mm。常用于微生物涂片和显微镜标本片观察等；如果在较厚的玻片中央制一圆形凹窝，就形成了凹玻片，可做悬滴观察活细菌以及微室培养。

7. 涂布棒

涂布棒有玻璃和金属制品两种。一般将玻璃棒或金属棒弯曲成顶端三角形。它是采用涂布法分离微生物时使用的工具。应用涂布棒在琼脂平板上将接种的菌液涂匀整个平板的平面。

（二）玻璃器皿的清洗

1. 新购置的玻璃器皿的洗涤

新购置的玻璃器皿一般含较多游离的碱，可在2%的盐酸或洗涤液内先浸泡几小时后，用自来水冲洗干净，倒置在洗涤架上，晾干或在干燥箱内烘干备用。也可将器皿先用热水浸泡，再用去污粉或肥皂粉刷洗，最后经过热水洗刷、自来水清洗，待干燥后，灭菌备用。

2. 使用过的玻璃器皿的洗涤

（1）试管或三角瓶的清洗

盛有废弃物的试管或三角瓶，因其内含有大量微生物，洗刷前应先经过高压蒸汽灭菌。对只带有细菌标本或培养物的试管等玻璃器皿，用过后应立即将其浸于2%的来苏水中消毒，经24h后，才可以取出洗刷。

加过消泡剂的发酵瓶或做过通气培养的大三角瓶，一般先将倒空的瓶子用碱粉去掉油污后，再行洗刷。如内壁的水是均匀分布成一薄层则表示油垢完全洗净；如还挂有水珠，则需用洗涤液浸泡数小时，然后再用自来水冲洗干净。

（2）培养皿的清洗

用过的培养皿中往往有废弃的培养基，需先经高压蒸汽灭菌后，倒掉污物，方可清洗。

如果灭菌条件不便，可将平皿中培养基刮出来，倒在一起，以便统一处理。洗刷时，先用热水洗一遍，再用洗衣粉或去污粉擦洗，然后用自来水冲洗干净，将平皿全部向下，一个压一个，扣于洗涤架上或桌子上。

（3）玻璃吸管的清洗

吸过菌液的吸管（滴管的橡皮头应先拔去）应立即投入2%煤酚皂溶液或0.25%新洁尔灭消毒液内，浸泡24h后方可取出冲洗。吸过血液、血清、糖溶液或染料溶液的吸管应立即投入自来水中，以免干燥后难以冲洗干净，待实验后再集中清洗。吸管的内壁如果有油垢，同样应先在洗涤液内浸泡数小时，然后再冲洗。

（4）载玻片和盖玻片的清洗

用过的载玻片与盖玻片如滴有香柏油，要先擦去香柏油或浸在二甲苯内摇晃几次，使油垢溶解，再在肥皂水中煮沸5～10min，用软布或脱脂棉花擦拭，立即用自来水冲洗，然后在稀洗液中浸泡0.5～2h，自来水冲洗洗液，最后用蒸馏水换洗几次，晾干后浸于

95%乙醇中保存备用。

检查过活菌的载玻片或盖玻片，应先在2%煤酚皂溶液或0.25%新洁尔灭消毒液中浸泡24h，然后按上述方法洗涤和保存。

三角瓶的包扎

试管的包扎

培养皿的包扎

吸管的包扎

（三）玻璃器皿的包扎

1. 三角瓶的包扎

三角瓶需单独塞好棉塞，用二层报纸包扎瓶颈以上部分，用棉绳扎紧待灭菌（如图0-1）。如瓶内装有待灭菌的物质如培养基、生理盐水等，应用记号笔注明。

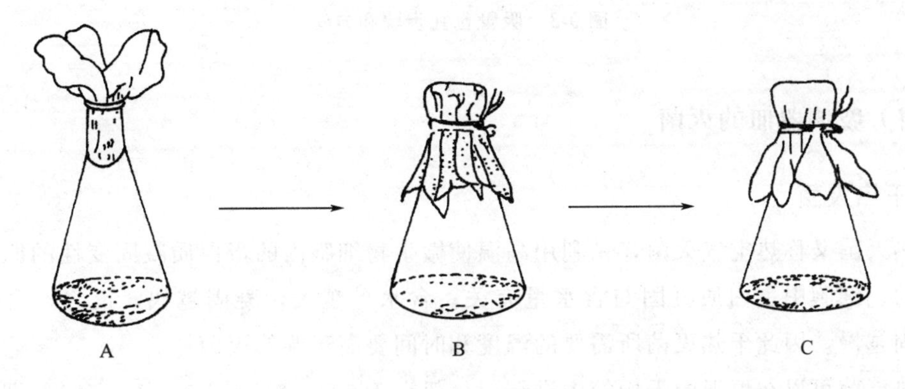

图0-1　三角瓶的包扎

2. 试管的包扎

洗净的试管塞上合适的、不松也不太紧的棉塞，棉塞2/3入管，管外留1/3，同规格的数支试管用棉绳捆扎在一起，试管上半部分用二层报纸包起来，再用棉绳捆紧后准备灭菌。

3. 培养皿的包扎

培养皿用报纸或牛皮纸包紧，卷成一筒，一般以6～8套为宜。包好后干热或湿热灭菌。或者不用纸包扎，直接放入特制的金属（不锈钢或铁皮）筒内（如图0-2），加盖干热灭菌。

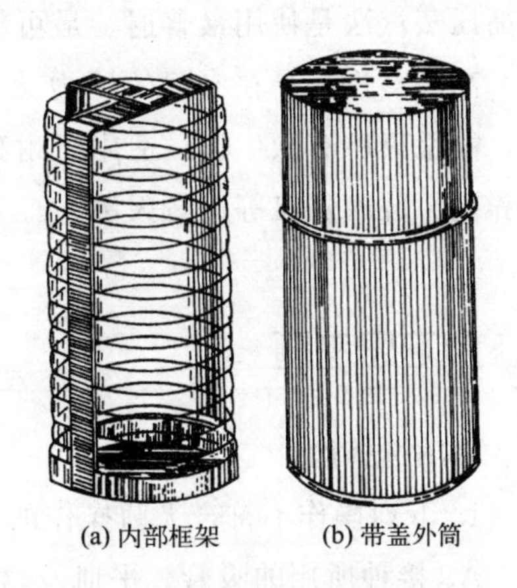

图0-2　装培养皿的金属筒

4. 吸管的包扎

干燥的吸管上端塞入1～1.5cm棉花，用纸条以螺旋式包扎，将每支吸管尖端斜放在旧报纸条的近右端，与纸条约呈45°，并利用余下的一段纸条将吸管卷好（如图0-3）。包好的多支吸管用牛皮纸包成捆，灭菌。

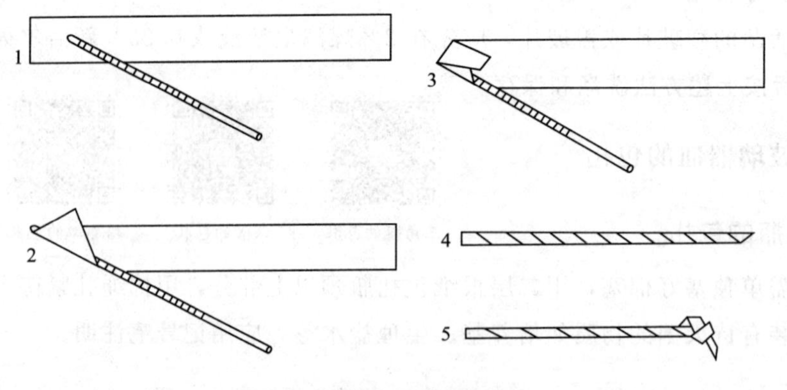

图 0-3　吸管包扎步骤和方法

（四）玻璃器皿的灭菌

1. 干热火菌

干热灭菌又称热空气灭菌，是利用高温使微生物细胞内的蛋白质凝固变性的原理达到灭菌目的。细胞中蛋白质凝固与含水量有关。含水量越大，凝固越快；反之，含水量越小，凝固越慢。因此干热灭菌所需要的温度和时间要高于湿热灭菌。

干热灭菌可以在恒温的干燥箱中进行，一般在 160℃，2h（或 180℃，1h），即可达到灭菌目的。它适用于各种耐热的玻璃空器皿（如培养皿、试管、吸管等）、金属用具（如牛津杯、手术刀）和某些其他物品（如石蜡油）的灭菌。但带有胶皮、塑料的物品，液体及固体培养基不能用干热灭菌。

2. 湿热灭菌

湿热灭菌法有煮沸法、流通蒸汽灭菌法、间歇灭菌法、巴氏消毒法和高压蒸汽法。其中高压蒸汽法是使用最普遍、最可靠的一种方法。

高压蒸汽法是在专门的压力蒸汽灭菌器中进行的，其优点是穿透力强、灭菌效果可靠，能杀灭所有微生物。适用于耐高温、耐水物品的灭菌。微生物实验室经常采用此法对培养基、玻璃器皿等进行灭菌。

复习思考题

一、单项选择题

1. 下列操作不符合无菌操作的是（　　）。

A. 接种所用的吸管、平皿及培养基等必须经消毒灭菌

B. 用吸管接种于试管或平皿时，吸管尖部可以触及试管或平皿边缘

C. 接种、转种菌体必须在酒精灯前操作

D. 接种环、接种针等金属器材使用前后均需灼烧

2. 载玻片和盖玻片清洗干净后，需要浸泡于（　　）中。

A. 95%乙醇　　B. 无水乙醇　　C. 蒸馏水　　D. 生理盐水

3. 干热灭菌的条件是（　　）。

A. 121℃，15min　B. 121℃，30min　C. 100℃，1h　D. 160℃，2h

4.（　　）灭菌适合于玻璃器皿、液体和培养基的灭菌。

A. 干热　　B. 湿热　　C. 火焰　　D. 紫外

5. 微生物检验人员操作前需对手进行消毒，常用（　　）消毒。

A. 2%石炭酸　　B. 2%来苏水　　C. 75%酒精　　D. 95%酒精

二、多项选择题

1. 微生物实验室常用的检验用具有（　　）。

A. 接种针　　B. 酒精灯　　C. 吸管　　D. 吸球　　E. 平皿

2. 下列关于无菌室的使用与管理描述正确的是（　　）。

A. 无菌室应保持清洁整齐，室内仅存放最必需的检验用具

B. 定期检查室内空气无菌状况。发现不符合要求时，应立即彻底消毒灭菌

C. 每2～3周用2%石炭酸水溶液擦拭工作台、门、窗、桌、椅及地面，然后用甲醛加热或喷雾灭菌，最后使用紫外灯杀菌0.5h

D. 无菌室使用前后打开紫外灯杀菌30min即可，无需其他的消毒措施

E. 进入无菌室前，必须于缓冲间内更换经过消毒处理的工作服、工作帽及工作鞋

3. 下列关于微生物检验废弃物的处理，正确的是（　　）。

A. 对于培养物及其污染的物品，如斜面、细菌培养平皿、注射器等，应采用121℃高压灭菌至少45min处理

B. 所用包含微生物及病毒的培养基，为了防止泄漏和扩散，必须放在生物医疗废物盒内经过去污染、灭菌后才能丢弃

C. 所有污染的非可燃的废物在丢弃前必须放在生物医疗废物盒内

D. 所有液体废物在排入下水道前必须经过消毒处理

E. 将处理后的废弃物倒入特殊标识的垃圾袋内，直接送到指定地点

三、简答题

1. 简述食品微生物检验常用的仪器及使用注意事项。

2. 简述干热灭菌和湿热灭菌的用途和优点。

项目一 食品微生物检验基本技能

项目目标

知识目标：1. 掌握革兰氏染色的要点及作用原理。

2. 熟悉常用培养基的制备过程及方法。

3. 熟悉微生物菌种的常用保藏方法。

4. 了解普通光学显微镜的基本构造。

技能目标：1. 能熟练使用普通光学显微镜。

2. 会配制常用培养基。

3. 建立无菌操作意识。

4. 会进行微生物分离、纯化、接种。

素质目标：1. 培养诚实守信、客观公正的职业责任意识。

2. 培养爱岗敬业、勤奋工作的职业态度。

3. 培养科学严谨的工作态度和食品安全责任。

衔接职业技能大赛

食品安全与质量检测	
革兰氏染色	镜检结果及鉴定报告
1. 正确取菌、涂片与固定。 2. 染色液顺序及染色时间正确。	1. 能正确使用显微镜。 2. 会观察染色结果，并能正确判断和报告。 3. 完成菌体特征鉴别报告。

任务一　显微镜的使用与维护

【必备知识】

一、普通光学显微镜的构造

普通光学显微镜简称显微镜（图 1-1），它包括单目普通光学显微镜和双目体视普通光学显微镜，后者比前者多一个镜筒，可以双眼同时观察。显微镜的构造主要分为两部分：机械部分和光学部分。

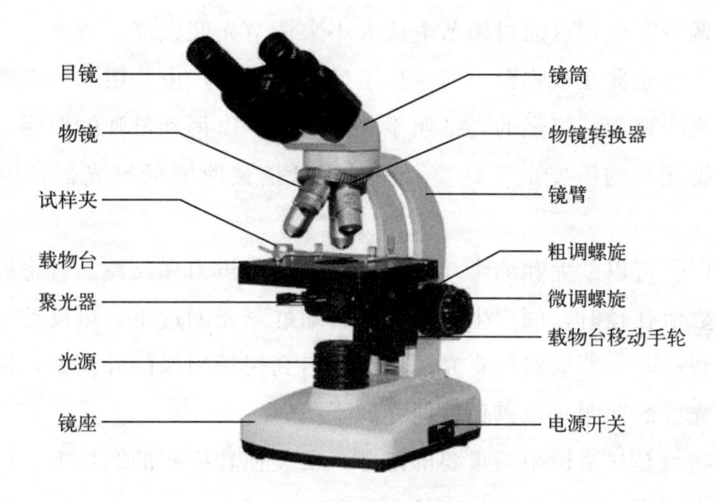

图 1-1　普通光学显微镜结构

1. 机械部分

包括镜座、镜臂、镜筒、物镜转换器、载物台、推动器、粗调节器（粗调螺旋）和细调节器（微调螺旋）等部件。

（1）镜座　镜座是显微镜的基本支架，在显微镜的底部，呈马蹄形、长方形、三角形等。

（2）镜臂　镜臂是连接镜座和镜筒之间的部分，呈圆弧形，是移动显微镜时的握持部分。

（3）镜筒　镜筒上接目镜，下接转换器，形成接目镜与接物镜间的暗室。

（4）物镜转换器　由两个金属圆盘叠合而成，可安装 3～5 个物镜，转动转换器，可以按需要将其中任何一个物镜和镜筒接通，与镜筒上面的目镜构成一个放大系统。

（5）载物台和推进器　载物台中央有一孔，为光线通路。在台上装有弹簧标本夹和推进器，旋转推进器的螺旋，可使推进器做横向或纵向移动。

（6）调焦螺旋　位于镜筒的两旁，分为粗调螺旋和细调螺旋。粗调节器用于粗调物镜和标本的距离，粗调节器只能粗放地调节焦距，难以观察到清晰的物像；细调节器用于进一步调节焦距。

（7）聚光器升降螺旋　装在载物台下方，可使聚光器升降，用于调节反光镜反射出来的光线。

2. 光学部分

由反光镜、聚光器、物镜、目镜、虹彩光圈等组成，光学系统使标本物像放大，形成倒立的放大物像。

（1）反光镜　位于镜座上，由一平面和另一凹面的镜子组成（现在多用电光源），可以将投射在它上面的光线反射到聚光器透镜的中央。对于光线较强的天然光源，一般宜用平面镜，对光线较弱的天然光源或人工光源，则宜用凹面镜。电光源显微镜镜座上装有电光源，并有电流调节螺旋，可通过调节电流大小来调节光照强度。

（2）聚光器　聚光器在载物台下面，位于反光镜上方，由一组透镜组成，作用是将反光镜反射出来的光线聚为一组强的光锥照于载玻片上，以得到最强的照明，使物像明亮清晰。聚光器可根据光线的需要上下调整。一般用低倍镜时降低聚光器，用油镜时升至最高处。

（3）虹彩光圈　可以放大和缩小，可影响成像的分辨力和反差。若将虹彩光圈开放过大，超过物镜的数值孔径时，便产生光斑；若收缩虹彩光圈过小，虽反差增大，但分辨力下降。因此，在观察时一般应将虹彩光圈调节开启到视场周缘的外切处，使不在视场内的物体得不到任何光线的照明，以避免散射光的干扰。

（4）物镜　物镜是显微镜中最重要的部分，安装在转换器的螺口上。作用是将被检物像进行第一次放大，形成一个倒立的实像。

一般物镜包括低倍物镜（4×、10×）、高倍物镜（40×、60×）和油镜（100×），使用时通过镜头侧面刻有的放大倍数来辨认，一般放大倍数越高的物镜，工作距离越小，油镜的工作距离只有0.19mm。

（5）目镜　目镜装在镜筒上端，作用是把物镜放大了的实像再放大一次，并把物像映入观察者的眼中。目镜上刻有表示放大倍数的标志，如5×、10×、16×，目镜中可安装目镜测微尺，用于测量微生物的大小。

二、普通光学显微镜的基本原理

显微镜的放大效能（分辨率）由所用光波长短和物镜数值口径决定，缩短使用的光波波长或增加物镜数值口径可以提高分辨率，可见光的光波幅度比较窄，紫外线波长短可以提高分辨率，但不能用肉眼直接观察。所以利用减小光波长来提高光学显微镜分辨率是有限的，提高物镜数值口径是提高分辨率的理想措施。要增加物镜数值口径，可以提高介质折射率，当空气为介质时折射率为 1，而香柏油的折射率为 1.51，和载玻片的折射率（1.52）相近，这样光线可以不发生折射而直接通过载玻片、香柏油进入物镜，从而提高分辨率。显微镜总的放大倍数是目镜和物镜放大倍数的乘积，而物镜的放大倍数越高，分辨率越高。

【任务实施】

显微镜的使用、维护和保养

1. 材料准备

（1）标本片　细菌、霉菌、酵母菌、放线菌标本片。

（2）仪器或其他用具　光学显微镜、二甲苯、香柏油、擦镜纸等。

2. 工作流程

各小组查询和学习显微镜的使用、维护和保养技术相关资料，确定本任务所需用品种类及数量的清单→准备和清点材料→设计任务实施方案→讨论、修改方案→任务实施→反馈改进。

3. 操作步骤

（1）取镜　从镜箱中取镜时，一手握镜臂，一手托镜座，保持镜体直立，以防反光镜及目镜脱落被摔坏，将显微镜放置于平稳的实验台上。端正坐姿，镜检时两眼同时睁开，单目显微镜一般用左眼观察，用右眼帮助绘图或做记录。双目显微镜用双眼观察。

（2）对光　使低倍镜与镜筒呈一直线，调节反光镜，让光线均匀照射在反光镜上，电光源显微镜打开照明光源，并使整个视野都有均匀的照明，调节亮度然后升降聚光器，开启虹彩光圈，将光线调至合适的亮度。

（3）放置标本片　将要观察的标本放在载物台上，调节待检部位位于通光孔中央。

（4）低倍镜观察　观察从低倍镜开始，低倍镜下视野范围大，易找到待观察的物像。用粗调节器升起载物台，使物镜接近盖玻片，为了防止物镜压在标本玻片上而受到损伤，可在侧面观察，然后从目镜中观察视野，旋动粗调节器，使载物台缓慢下降，直至出现物像，再用细调节器调至物像清晰。

（5）寻找观察目标　使用推进器移动标本，认真观察标本各部分，寻找要观察的目标。

（6）高倍镜观察　转动转换器，用高倍镜观察。显微镜、载玻片和盖玻片都符合标准时，可做等高转换，即显微镜的所有物镜一般是共焦点的。但一般情况下，转换物镜时，也要从侧面观察，避免镜头与玻片相撞，然后用细调节器稍加调节，就可获得清晰的图像。

（7）油镜观察　降低载物台，将油镜转到光路轴上。在载玻片目标物上滴加一滴香柏油，从侧面注视，升高载物台，使油镜前端浸入香柏油。调节光照，然后一边观察一边用细调节器缓缓降低载物台，直至视野中出现清晰的物像。

（8）回归显微镜　观察完毕，应及时把镜头上的香柏油擦去。擦拭时先用干擦镜纸擦1～2次，然后用二甲苯（或95%乙醇）润湿擦镜纸，再擦1次，最后再用干净的擦镜纸擦1～2次。用柔软的绸布擦拭显微镜的机械部分。将显微镜置于干燥通风处，并避免阳光直射，避免和挥发性化学试剂放在一起。

4. 任务评价及考核

（1）对显微镜观察标本片结果进行自评和小组互评。

（2）教师考核各小组操作的准确性。

（3）根据师生评价结果及时改进。

任务二　培养基的制备

【必备知识】

一、培养基的分类

培养基种类繁多，根据不同的标准可以将其分成不同的类别。

（一）按营养成分的来源分

1. 天然培养基

天然培养基是利用一些天然的动植物组织器官和抽提物（如牛肉膏、蛋白胨、麸皮、马铃薯、玉米浆等）制成的。它们的优点是取材广泛，营养全面而丰富，制备方便，价格低廉，适宜大规模培养微生物之用。缺点是成分复杂，每批成分不稳定。

2. 合成培养基

合成培养基是由化学成分完全了解的物质配制而成的培养基，也称化学限定培养基。此类培养基的优点是成分精确，重复性强，一般用于实验室进行营养代谢、分类鉴定和选育菌种等工作。缺点是配制较复杂，微生物在此类培养基上生长缓慢，加上价格较贵，不宜用于大规模生产。如实验室常用的高氏1号培养基、察氏培养基。

3. 半合成培养基

半合成培养基是介于天然培养基与合成培养基之间，用一部分天然物质作为碳源和氮源及生长辅助物质，又适当补充少量无机盐的培养基。如实验室常用的马铃薯葡萄糖培养基。

（二）按物理状态分

1. 液体培养基

液体培养基是把各种营养物质溶解于水中，混合制成水溶液，调节适宜的 pH 值，呈液体状态的培养基。该培养基有利于微生物的生长和积累代谢产物，常用于大规模工业化生产、观察微生物生长特征和研究微生物生理生化特性。

2. 固体培养基

在液体培养基中加入一定量凝固剂（约 2%的琼脂），使其成为固体状态即为固体培养基。理想的凝固剂应具备以下条件：

① 不被所培养的微生物分解利用且对微生物无毒害作用；

② 在微生物生长的温度范围内保持固体状态，且透明度好；

③ 凝固剂凝固点温度不能太低，否则将不利于微生物的生长；

④ 配制方便且价格低廉。

3. 半固体培养基

半固体培养基是指在液体培养基中加入少量凝固剂（如 0.2%～0.5%的琼脂）而制成的半固体状态的培养基。半固体培养基有许多特殊的用途，如可以通过穿刺培养观察细菌的运动能力，进行厌氧菌的培养及菌种保藏等。

（三）按培养基的用途分

1. 基础培养基

基础培养基是含有一般微生物生长繁殖所需的基本营养物质的培养基。牛肉膏蛋白胨培养基是最常用的基础培养基。

2. 选择培养基

选择培养基是用来将某种或某类微生物从混杂的微生物群体中分离出来的培养基。此类培养基根据不同种类微生物的特殊营养需求或对某种化学物质的敏感性不同，在培养基中加入相应的特殊营养物质或化学物质，以抑制不需要的微生物的生长，而有利于所需微生物的生长。例如，利用纤维素或石蜡油作为唯一碳源的选择培养基，可以从混杂的微生物群体中分离出能分解纤维素或石蜡油的微生物。

3. 加富培养基

加富培养基也称营养培养基，即在基础培养基中加入某些特殊营养物质制成的一类营养丰富的培养基，这些特殊营养物质包括血液、血清、酵母浸膏、动植物组织液等。加富培养基可以用来富集和分离某种微生物。

4. 鉴别培养基

鉴别培养基是用于鉴别不同类型微生物的培养基。在培养基中加入某种特殊化学物质，某种微生物在培养基中生长后能产生某种代谢产物，而这种代谢产物可以与培养基中的特殊化学物质发生特定的化学反应，产生明显的特征性变化，根据这种特征性变化，可将该种微生物与其他微生物区分开来。

5. 其他

除上述四种主要类型外，培养基按用途划分还有很多种，例如，分析培养基常用来分析某些化学物质（抗生素、维生素）的浓度，还可用来分析微生物的营养需求；还原性培养基专门用来培养厌氧型微生物。

二、培养基的配制原则

培养基应具备微生物生长所需要的五大营养素，并且它们之间还应具有合理的配比。此外，培养基还应具有适宜的酸碱度（pH 值）、一定的缓冲能力及氧化还原电位和合适的渗透压。培养基一旦配成后必须立即灭菌，否则会滋生杂菌，破坏里面的营养成分。

1. 明确微生物特点和培养目的

不同微生物对营养物质的需求是不一样的，因此首先要根据不同微生物的营养需求配制针对性强的培养基。自养型微生物有较强的合成能力，所以培养自养型微生物的培养基完全由简单的无机物组成。异养型微生物的合成能力较弱，所以培养基中至少要有一种有机物，通常是葡萄糖。

培养细菌常用的培养基是肉汤蛋白胨培养基；培养放线菌常用的培养基是高氏 1 号培养基；培养酵母菌常用的培养基是麦芽汁培养基；培养霉菌常用的培养基是察氏培养基。

同一种微生物的培养基未必完全相同，除了考虑微生物的特点外，还要考虑培养目的。如果为了获得菌体或作种子培养基用，一般来说，培养基的营养成分宜丰富些，特别是氮源含量应高些，以利于微生物的生长与繁殖。如果为了获得代谢产物或用作发酵培养基，则所含氮源宜低些，以使微生物生长不致过旺而有利于代谢产物的积累。有时还要根据需要加入一些生长因子或发酵前体物质。

2. 营养物质的浓度和配比要合适

培养基中营养物质浓度合适时微生物才能生长良好，营养物质浓度过低时不能满足微生物正常生长所需，浓度过高时则可能对微生物生长起抑制作用，例如高浓度糖类物质、无机盐、重金属离子等不仅不能维持和促进微生物的生长，反而会抑制其生长，甚至造成微生物死亡。

培养基中各营养物质之间的配比也直接影响微生物的生长繁殖和（或）代谢产物的形成和积累，特别是碳氮比（C/N）直接影响微生物的生长繁殖和代谢产物的积累。碳氮比一般指培养基中元素碳和元素氮的比值，有时也指培养基中还原糖与粗蛋白质的含量之比。不同的微生物要求不同的碳氮比。如细菌和酵母菌培养基中的碳氮比约为 5：1，霉菌培养基中的碳氮比约为10∶1。在微生物发酵生产中，碳氮比直接影响发酵产量，例如，在利用微生物发酵生产谷氨酸的过程中，培养基碳氮比为4∶1时，菌体大量繁殖，谷氨酸积累少；当培养基碳氮比为3∶1时，菌体繁殖受到抑制，谷氨酸产量则大量增加。再如，在抗生素发酵生产过程中，可以通过控制培养基中速效氮（或碳）源与迟效氮（或碳）源之间的比例来调节菌体生长与抗生素的合成。

3. 控制合适的pH值

各类微生物生长繁殖或产生代谢产物的最适pH值各不相同，要想满足不同类型微生物的生长繁殖或代谢的需要就必须控制合适的pH值。一般来讲，细菌与放线菌适于在pH值7～7.5范围内生长，酵母菌和霉菌通常在pH值4.5～6范围内生长。

在微生物生长繁殖和代谢过程中，由于营养物质被分解利用以及代谢产物的形成与积累，往往会导致培养基pH值发生变化，若不及时控制，可能会抑制微生物的生长，甚至杀死微生物。为了尽可能地减缓在培养过程中pH值的变化，在配制培养基时，要加入一定的缓冲物质，以发挥调节作用，常用的缓冲物质主要有磷酸盐和碳酸盐。

4. 原料的选择

在实验研究中可以选择成分清晰、纯度较高的培养基。但在发酵工业中，应尽量利用廉价且易于获得的原料作为培养基成分，因为培养基用量很大，利用低成本的原料更体现出其经济价值。例如，在微生物单细胞蛋白的工业生产过程中，糖蜜（制糖工业中含有蔗糖的废液）、乳清（乳制品工业中含有乳糖的废液）、豆制品工业废液及黑废液（造纸工业中含有戊糖和己糖的亚硫酸纸浆）等都可作为培养基的原料。

【任务实施】

培养基的配制

制备培养基

1. 材料准备

高压蒸汽灭菌锅、电炉、锥形瓶、水浴锅、培养皿、蛋白胨、牛肉膏、葡萄糖、氯化钠、琼脂、脱脂棉、纱布、试管等。

2. 工作流程

各小组查询和学习培养基配制相关资料，确定本任务所需用品种类及数量的清单→准备和清点材料→设计配制方案→讨论、修改方案→任务实施→反馈改进。

3. 操作步骤

以牛肉膏蛋白胨琼脂培养基配制为例，配制步骤为称量→加水溶解→调pH值→分装→塞棉塞→包扎→灭菌。

(1) 原料称量、溶解　先在容器（铝锅或不锈钢锅）中加入所需水量的一半，然后按培养基配方依次准确称取各种原料并加入水中，用玻璃棒搅拌使之溶解。某些不溶解的原料如蛋白胨、牛肉膏等可事先在小容器中加入少量水加热溶解后再冲入容器中；有些原料需要量极少不易称量，可先配成高浓度的溶液，再按比例换算后取一定体积的溶液加入容器中。等原料全部放入容器后，加热使其充分溶解，在加热过程中应注意不断搅拌以防原料沉底烧焦，最后补足所需的全部水分。

(2) 调整酸碱度（pH 值） 有的培养基需要一定的 pH 值，常用盐酸溶液或氢氧化钠溶液进行调整。最简单的调节方法是用精密 pH 试纸进行测定，即用玻璃棒蘸一滴培养基，点在试纸上进行比色后，如 pH 值偏酸则加 1mol/L 氢氧化钠溶液，偏碱则加 1mol/L 盐酸溶液，一次加量不宜太多，经反复几次调节后，即可基本调至所需 pH 值。此法简便易行，但较粗放。需要较准确调节的，可用 pH 计测定。使用高浓度的碱液或酸液进行培养基 pH 值的调整，可避免由于使用低浓度溶液过多而影响培养基的总体积和浓度，并可节约工作时间，但宜分少量多次加入调节，不应操之过急。

(3) 培养基的过滤和澄清

① 纱布过滤。用 3～4 层医用纱布放在漏斗内，将已配制好的培养基直接倾倒过滤，这种方法只滤去较粗的渣滓。

② 棉花过滤。用一小块脱脂棉塞在漏斗管的上口，使不致浮起也不要塞得过紧，先用少量的清水浸湿后，再将培养基倾入过滤。此法可得较透明的培养基，以供微生物计数、观察菌落特征及某些生化试验用。

③ 高温澄清。把配制好的培养基，置于高压蒸汽灭菌锅里，加热升压至 4.9×10^{4}Pa，保持 30min，降压冷却后取出，静置数小时，即行澄清。液体培养基可用细橡皮管将清液虹吸到另一容器中，再行分装。加琼脂的培养基经加热沉淀后，可在未冷凝前虹吸上部澄清液入另一容器内，然后分装；也可待其凝冻后，将容器周围稍加热，使冻胶外围熔化，将整块胶冻倒出后用刀切去底部沉渣部分，再把澄清部分加热熔化后，分装。此法可得较透明培养基。

④ 保温过滤。加有琼脂的培养基，不论用纱布或棉花过滤，都应在 60℃以上情况下进行，否则易造成琼脂凝固而不能过滤。最简单易行的方法是，将琼脂培养基盛在锅里，并置火上保温，趁热过滤。也可用特制的保温漏斗加热保温过滤，特别是在天冷时较好。

(4) 培养基的分装 培养基配好后，根据不同的使用目的，按使用的量分装到各种不同的容器中。

(5) 塞棉塞和包扎 培养基分装到各种容器后（如试管、锥形瓶等），应按管口或瓶口的大小分别塞以大小适度的棉塞（或硅胶塞）。其作用主要是阻止外界微生物进入培养基内，防止由此可能导致的杂菌污染；同时还可保证良好的通气性能，使微生物能不断获得良好的无菌空气。塞棉塞后，分装于试管的培养基可几支扎成一捆，用牛皮纸将棉塞罩起来，并用橡皮圈或线绳扎紧，以防灰尘及杂菌落在棉塞上，也可防灭菌时棉塞上凝结水汽。

(6) 高压蒸汽灭菌 培养基经包扎后应立即进行高压蒸汽灭菌。

4. 任务评价及考核

（1）对微生物培养基制备过程进行自评和小组互评。

（2）教师考核每组操作步骤的准确性。

（3）完成培养基制备原始记录表的填写。

任务三　细菌的接种与分离

【必备知识】

一、基本原理

微生物在自然界中分布广、种类多，且多混杂在一起生存，因此要想研究某一微生物，必须将其与其他混杂的微生物类群分离开来。在实验室条件下将一个细胞或一群相同的细胞经过培养繁殖得到后代的过程称为微生物的纯培养。将一种微生物移到另一种灭菌的培养基上的过程称为接种。纯培养技术有两个步骤，一是从自然环境中分离出培养对象；二是在以培养对象为唯一微生物种类的隔离环境中培养、增殖，以获得这一微生物种类的细胞群体。

分离培养微生物时，要考虑外界的物理、化学等因素对微生物的影响，即选择该类微生物最适合的培养基和培养条件。在分离、接种、培养过程中，均需严格的无菌操作，防止杂菌侵入，所用的器具必须经过灭菌，接种工具使用前后都要经过火焰灭菌，且操作均应在无菌室或无菌箱中进行。

二、接种技术

1. 固体接种

（1）斜面接种　斜面接种是从已生长好的菌种斜面上挑取少量菌种移植至另一支新鲜斜面培养基上的接种方法。斜面接种是为了保存和获得大量的菌种。斜面接种的一般操作步骤如图 1-2 所示。

（2）平板接种　以中指、无名指和小指托住培养皿下盖底部，用虎口及食指扶住上盖，再将斜面菌种管放于培养皿之上，以拇指压住，然后用接种环移取菌种按“Z”形划线，如图 1-3 所示。

（3）穿刺接种　穿刺接种技术是一种用接种针从菌种斜面上挑取少量菌体并把它穿刺到固体或半固体的深层培养基中的接种方法。穿刺接种常作为保藏菌种的一种形式，同时

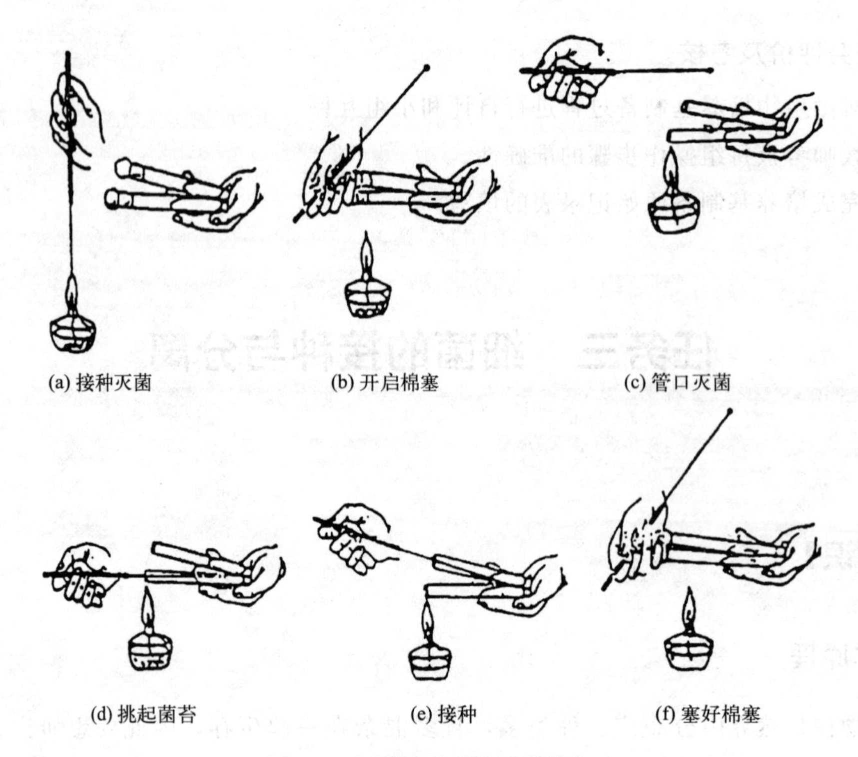

图 1-2　斜面接种时的无菌操作

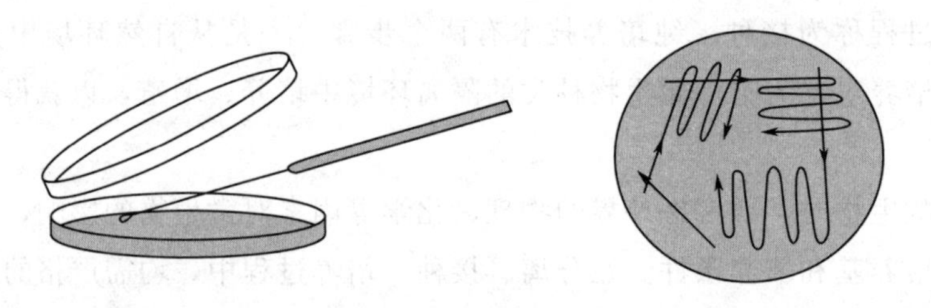

图 1-3　平板接种

也是检查细菌运动能力的一种方法，若具有运动能力的细菌，它能沿着接种线向外运动而弥散，故形成的穿刺线较粗而散，反之则细而密。穿刺只适宜于细菌和酵母的接种培养。如图 1-4 所示。

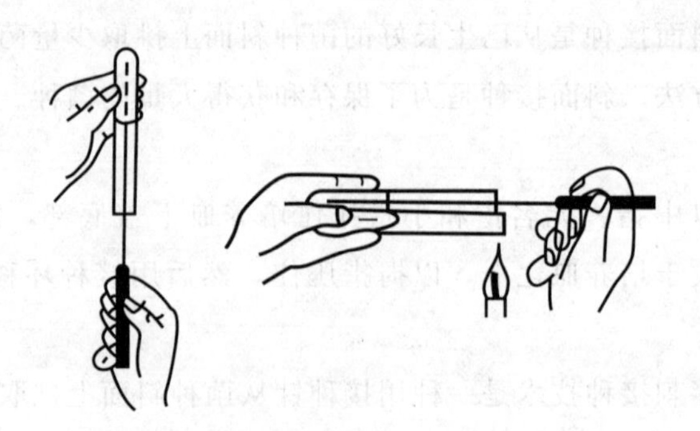

图 1-4　穿刺接种

2. 液体接种

（1）由斜面培养基接入液体培养基　此法用于观察细菌的生长特性和生化反应的测定，接入时应使液体培养基试管口向上斜，以免培养液流出。接入菌体后，使接种环和管内壁摩擦几下以利于洗下环上菌体。接种后塞好棉塞，将试管在手掌中轻轻敲打，使菌体充分分散。

（2）由液体培养基接入液体培养基　菌种是液体时，除用接种环外还可以用无菌吸管或滴管。接种时只需在火焰旁拔出棉塞，将管口通过火焰，用无菌吸管吸取菌液注入培养液内，摇匀即可。

三、分离与培养技术

1. 稀释分离法

（1）液体稀释法　首先将待分离的样品在液体培养基中进行顺序稀释，目的是达到高度稀释的效果，使一支试管中分配不到一个微生物。如果经过稀释后的大多数试管中没有微生物生长，那么有微生物生长的试管得到的培养物可能就是由一个微生物个体繁殖而来的纯培养物。采用此法进行液体分离，必须在同一个稀释度的许多平行试管中，大多数（一般应超过95%）表现为不生长。这种方法适合于一些细胞大的细菌、许多原生动物和藻类以及那些不能在固体培养基上生长的微生物。

（2）稀释倒平板法　将待分离的样品进行连续稀释（如1∶10、1∶100、1∶1000、1∶10000……），取一定稀释度的样品和熔化的营养琼脂混合，培养到平板上长出分散的单个菌落，这个菌落可能就是由一个细菌细胞繁殖形成的。随后挑取该单个菌落，或重复以上操作数次，便可得到纯培养。

由于这种方法是将含菌样品先加到还比较烫的培养基中再倒平板，会造成某些热敏感菌的死亡，而且会使一些严格好氧菌因被固定在琼脂中间缺乏氧气而影响其生长，故这种方法不适用于热敏感菌和严格好氧菌的分离。

（3）涂布平板法　先将已熔化的培养基倒入无菌培养皿，制成无菌平板，冷却凝固后，将一定量的某一稀释度的样品滴加在已制好的平板表面，用灭好菌的涂布棒将菌液均匀地涂抹在整个平板上，经培养即可长出单一菌落。对于涂布平板的样品菌落通常仅长在平板的表面，而与营养琼脂混合的样品菌落通常会出现在平板的表面和内部。

2. 划线分离法

将灭菌好的琼脂培养基倒入培养皿中，凝固后用接种针以无菌操作蘸取少量的需分离菌，在培养基的表面上进行划线，微生物细胞数量随着划线次数的增加而减少，并逐步分散开来，如果划线适宜，微生物能逐一分散，经培养后，即可形成单菌落。划线的方法有：连续划线法、分区划线法。

这种方法快速、方便。分区划线适用于浓度较大的样品，连续划线适用于浓度较小的样品。

【任务实施】

微生物的分离与接种

1. 材料准备

（1）仪器和材料　大肠杆菌、金黄色葡萄球菌。盛有 9mL 无菌水的试管、盛有 90mL 无菌水并带有玻璃珠的锥形瓶、无菌玻璃涂棒、无菌吸管、接种环、无菌培养皿、土样、酒精灯、玻璃铅笔、火柴、试管架、接种针、滴管、恒温培养箱。

（2）培养基和试剂　淀粉琼脂培养基（高氏 1 号培养基）、牛肉膏蛋白胨琼脂培养基、马丁氏琼脂培养基、察氏琼脂培养基、半固体牛肉膏蛋白胨柱状培养基；10%酚液、链霉素。

2. 工作流程

各小组查询和学习微生物的纯化、分离和培养相关资料，确定本任务所需用品种类及数量的清单→准备和清点材料→设计实施方案→讨论、修改方案→任务实施→反馈改进。

3. 操作步骤

（1）稀释涂布平板法

① 倒平板。将牛肉膏蛋白胨琼脂培养基、高氏 1 号琼脂培养基、马丁氏琼脂培养基加热熔化，待冷却至 55～60℃时，高氏 1 号琼脂培养基中加入 10%酚液数滴，马丁氏培养基中加入链霉素溶液（终浓度为 3×10^{-11}g/mL），混合均匀后分别倒平板，每种培养基倒三皿。

倒平板的方法：右手持盛培养基的试管或锥形瓶置火焰旁边，用左手将试管塞或瓶塞轻轻地拔出，试管或瓶口保持对着火焰；然后左手拿培养皿并将皿盖在火焰附近打开一缝，迅速倒入培养基约 15mL，加盖后轻轻摇动培养皿，使培养基均匀分布在培养皿底部，然后平置于桌面上，待凝固后即为平板。

② 制备稀释液。称取样品 10g，放入盛有 90mL 无菌水并带有玻璃珠的锥形瓶中，振摇约 20min，使样品与水充分混合，将细胞分散。用一支 1mL 无菌吸管从中吸取 1mL 悬液加入盛有 9mL 无菌水的大试管中充分混匀，然后用无菌吸管从此试管中吸取 1mL，加入另一盛有 9mL 无菌水的试管中，混合均匀，以此类推制成 10^{-1}、10^{-2}、10^{-3}、10^{-4}、10^{-5}、10^{-6} 不同稀释度的样品溶液。注意：操作时管尖不能接触液面，每一个稀释度换一支试管。

③ 涂布。将上述每种培养基的三个平板底面分别用记号笔写上 10^{-4}、10^{-5} 和 10^{-6} 三种稀释度，然后用无菌吸管分别由 10^{-4}、10^{-5} 和 10^{-6} 稀释液中各吸取 0.1mL 或 0.2mL，小心地滴在对应平板培养基表面中央位置。

用右手拿无菌玻璃涂棒平放在平板培养基表面上，将菌悬液沿同心圆方向轻轻地向外扩展，使之分布均匀。室温下静置 5～10min，使菌液浸入培养基。

④ 培养。将高氏 1 号培养基平板和马丁氏培养基平板倒置于 28℃温室中培养 3～5d，将牛肉膏蛋白胨平板倒置于 37℃温室中培养 2～3d。

⑤ 挑菌落。将培养后长出的单个菌落分别挑取少许细胞接种到上述三种培养基斜面上，分别置 28℃和 37℃温室培养。若发现有杂菌，需再一次进行分离、纯化，直到获得纯培养。

（2）平板划线分离法

平板划线分离法

① 倒平板。按稀释涂布平板法倒平板，并用记号笔标明培养基名称、土样编号和实验日期。

② 划线。在近火焰处，左手拿皿底，右手拿接种环，挑取上述 10^{-1} 的土壤悬液一环在平板上划线。划线的方法很多，但无论采用哪种方法，其目的都是通过划线将样品在平板上进行稀释，使之形成单个菌落。常用的划线方法有下列两种，如图 1-5 所示。

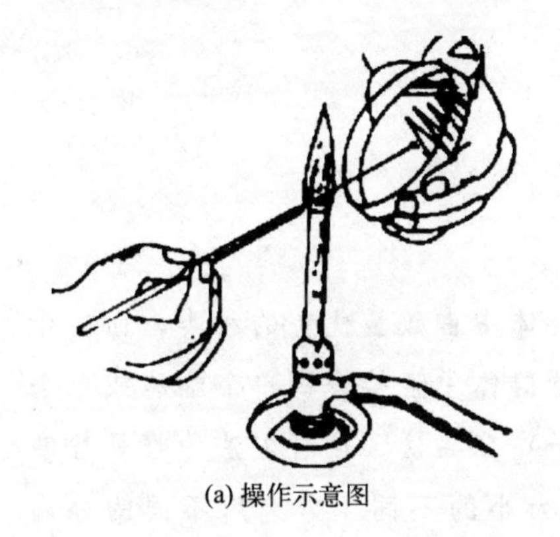
(a) 操作示意图

(b) 分区划线法

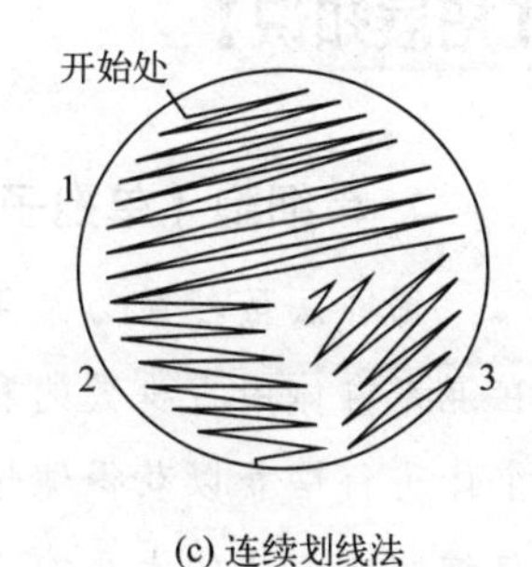

(c) 连续划线法

图 1-5 平板划线方法

a. 连续划线法。先将菌悬液在琼脂平板上开始处轻轻涂抹，然后再用接种环在平板表面连续划线（曲线）接种，直至划满琼脂平板表面。此法常用于含菌量不多的标本。

b. 分区划线法。用接种环以无菌操作挑取菌悬液一环，先在平板培养基的一边做第一次平行划线 3～4 条，再转动培养皿约 70°角，并将接种环上剩余物烧掉，待冷却后通过第一次划线部分做第二次平行划线，再用同样的方法通过第二次划线部分做第三次划线和通过第三次划线部分做第四次平行划线。划线完毕后，盖上培养皿盖，倒置于温室中培养。此法适用于杂菌量较多的标本。

③ 挑菌落。同稀释涂布平板法，一直到认为分离的微生物纯化为止。

斜面接种

（3）斜面接种和穿刺接种

① 斜面接种法。

a. 取新鲜固体斜面培养基，分别做好标记（写上菌名、接种日期、接种人等），然后用无菌操作方法把待接菌种接入新鲜培养基斜面上。

b. 接种的方法是，用接种环蘸取少量待接菌种，然后在新鲜斜面上按“Z”字形划线，方向是从下部开始，一直划至上部。注意划线要轻，不可把培养基划破。

c. 接种后于恒温培养箱培养，细菌培养48h，放线菌、霉菌培养至孢子成熟方可取出保存。

② 穿刺接种法。

a. 取两支新鲜半固体牛肉膏蛋白胨柱状培养基，做好标记（写上菌名、接种日期、接种人等）。

b. 接种的方法是，用接种针蘸取少量待接菌种，然后从柱状培养基的中心穿入其底部（但不要穿透），然后沿原刺入路线抽出接种针，注意勿使接种针在培养基内左右移动，以保持穿刺线整齐，便于观察生长结果。

4. 任务评价及考核

（1）对微生物分离纯化与培养结果进行自评和小组互评。

（2）教师考核各小组操作的准确性。

（3）根据师生评价结果及时改进。

【拓展知识】

其他分离方法

1. 单细胞（单孢子）分离法

稀释法虽然最为常用，但它只能分离出混杂微生物群体中占数量优势的种类，而对于在混杂群体中占少数的种类，可以采用显微分离法从混杂群体中直接分离单个细胞或单个个体进行培养以获得纯培养，此法称为单细胞（或单孢子）分离法。这种方法的难易程度与细胞或个体的大小有关，因此，根据微生物细胞个体大小的不同，需选用不同的分离方法。

（1）毛细管法　适合于较大微生物。可在低倍显微镜（如解剖显微镜）下，用毛细管提取微生物个体，并在灭菌培养基中转移清洗几次，除去较小微生物。

（2）显微操作法　此法用显微针、钩、环等挑取单个细胞或孢子以获得纯培养。适合于个体相对较小的微生物。

（3）小液滴法　将经过适当稀释后的样品制成小液滴，在显微镜下选取只含一个细胞的液滴进行纯培养物的分离。

单细胞分离法对操作技术有比较高的要求，多限于高度专业化的科学研究中采用。

2. 选择性培养分离法

为了从混杂的微生物群体中分离出某种微生物，可以根据该微生物的特点，包括营养、生理、生长条件等，采用选择培养的方法进行分离。

（1）利用选择培养基进行直接分离　可根据微生物的特点，在培养基中加入一些抑制剂，使不需要的菌不生长，需要的菌生长后有一定特征，然后挑取单菌落。例如，分离抗生素抗性菌株，可在加有抗生素的平板上分离。分离蛋白酶产生菌，可在培养基中加入牛奶或酪素，因为蛋白酶产生菌在平板上生长会形成透明的蛋白质水解圈。

（2）富集培养　主要是指利用不同微生物间生命活动特点的不同，营造特定的环境条件，使仅适应于该条件的微生物旺盛生长，使其在群落中的数量大大增加，从而更容易从混杂的群体中分离出来。

富集条件可从多方面选择，如温度、pH 值、氧气、紫外线、营养、高压、光照等。例如，分离产芽孢细菌，可以对样品进行高温处理，然后再进行培养。

任务四　常见微生物菌落形态的观察

【必备知识】

一、菌落形态特征

在固体培养基上或培养基内，由单个细胞在局部位置不断增殖所形成的、肉眼可见的、有一定形态特征的、稠密的细胞群体就是菌落。菌落的大小、形态（圆形、丝状、不规则状、假根状等）、侧面观察菌落隆起程度（扩展、台状、低凸状、乳头状等）、菌落边缘（边缘整齐、波状、叶状、锯齿状、丝状等）、菌落表面状态（光滑、皱褶、颗粒状、龟裂、同心圆等）、表面光泽（闪光、不闪光、金属光泽等）、质地（油脂状、膜状、黏、脆等）、颜色、透明度（透明、半透明、不透明）等均为菌落特征，如图 1-6、图 1-7 所示。

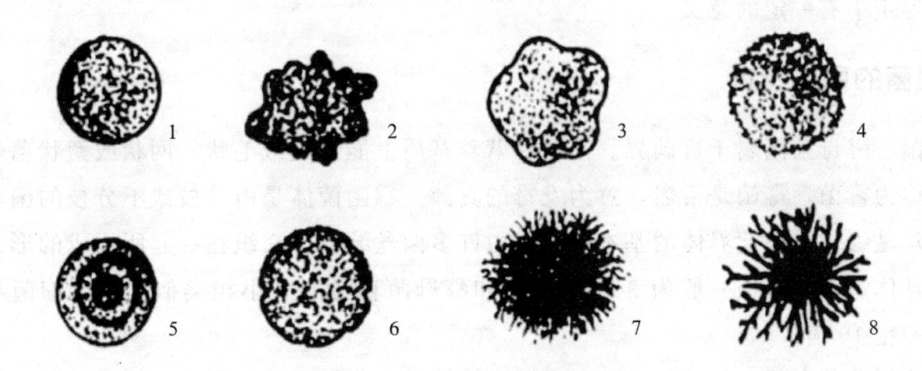

图 1-6　菌落的形态及边缘情况

1—圆形、边缘整齐、表面光滑；2—不规则状；3—边缘波浪状；4—边缘锯齿状；5—同心环状；6—边缘缺刻状；7—丝状；8—假根状

菌落的特征与形成菌落个体的形态、生理特性有关。例如，无鞭毛、不能运动的细菌，尤其是球菌的菌落通常为较小、较厚、边缘圆整的半球状菌落；具有鞭毛能运动的细

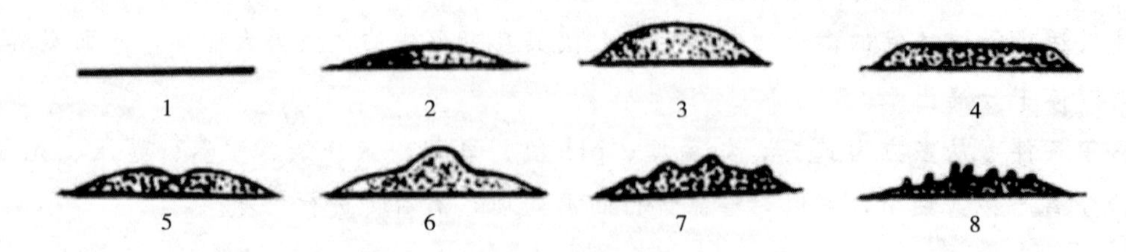

图 1-7　菌落的凸起情况

1—扁平、扩展；2—低凸面；3—高凸面；4—台状；5—脐状；6—草帽状；7—乳头状；8—褶皱凸面

菌一般形成大而平坦、边缘多缺（甚至为树根状）、不规则的菌落；有糖被的细菌，会长出大型、透明、蛋清状的菌落等。

二、细菌的菌落特征

细菌个体微小，用肉眼是看不到的，如果把单个细菌细胞接种到适合的固体培养基中，然后给予合适的培养条件，使其迅速生长繁殖，由于细胞受到固体培养基表面或深层的限制，不能像在液体培养基中那样自由扩散，繁殖的结果是形成一个个肉眼可见的细菌细胞群体，我们把这个群体称为细菌菌落。如果菌落是由单个细胞繁殖形成的，那么它就是一个纯种细胞群。如果把大量分散的纯种细胞密集地接种在固体培养基表面上，那么长出的大量菌落相互连成一片，这就是菌苔。

细菌的菌落湿润、较光滑、较透明、较黏稠、易挑取、质地均匀，菌落正反面或边缘与中央部位的颜色一致，可散发出特殊的臭味或酸败味。

细菌在液体培养基中生长时，会使液体变得浑浊，或在液体表面形成菌环、菌醭、菌膜，或产生絮状沉淀等，有的还会产生气泡、色素等。细菌在液体培养基中的特征，在菌种分类鉴定中有一定的意义。

三、霉菌的菌落特征

霉菌与酵母菌同属于真菌界。凡是在营养基质上能形成绒毛状、网状或絮状菌丝体的真菌通称为霉菌，霉菌是俗名，意为发霉的真菌。霉菌菌体是由分枝或不分枝的菌丝构成的。菌丝是组成霉菌营养体的基本单位。由许多菌丝缠绕、交织在一起所构成的形态结构称为菌丝体。菌丝直径一般为 3～10μm，和酵母菌直径的大小相类似，但比细菌和放线菌的细胞粗 10 倍。

霉菌的菌落有明显的特征，外观上很易辨认：菌落较大，质地疏松，外观干燥，不透明，呈现或松或紧的蛛网状、绒毛状、棉絮状或毡状；菌落与培养基间的连接紧密，不易挑取；菌落正面与反面的颜色、构造，以及边缘与中心的颜色、构造常不一致等。菌落的这些特征都是细胞（菌丝）特征在宏观上的反映。由于霉菌的细胞呈丝状，在固体培养基上生长时又有营养菌丝和气生菌丝的分化，所以霉菌的菌落与细菌或酵母菌不同，较接近放线菌。

菌落正反面颜色呈现明显差别，其原因是：由气生菌丝分化出来的子实体和孢子的颜色，往往比深入在固体基质内的营养菌丝颜色深。而菌落中心与边缘的颜色、结构不同的原因是：越接近菌落中心的气生菌丝其生理年龄越大，故颜色比菌落边缘的气生菌丝颜色要深。

如图 1-8 所示为霉菌在马铃薯葡萄糖琼脂（PDA）平板上的菌落。

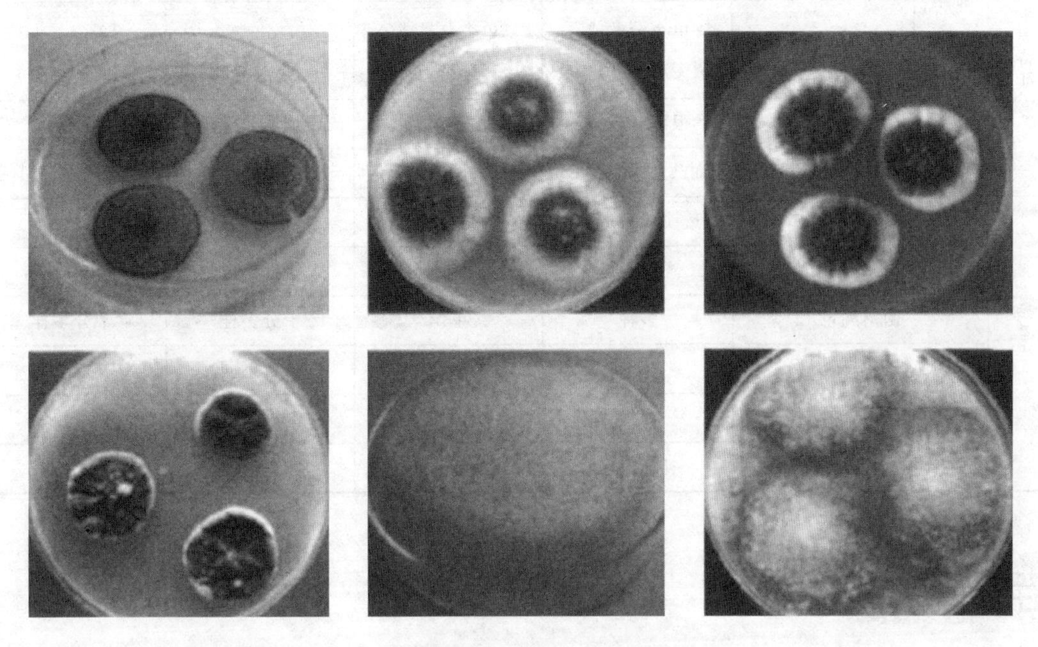

图 1-8 霉菌在 PDA 平板上的菌落

四、酵母菌的菌落特征

典型的酵母菌都属于单细胞真核微生物，细胞间没有分化。与细菌相比，酵母菌的细胞较粗且短。在固体培养基表面，其菌落与细菌的相类似，一般比较湿润、透明，表面较光滑，容易挑起，菌落质地均匀，正面与反面以及边缘与中央部位的颜色较一致等。但由于酵母菌的细胞比细菌的大，细胞内有许多分化的细胞器等特点，所以酵母菌菌落较大、较厚，外观较稠且不透明等，有别于细菌菌落。酵母菌菌落的颜色也与细菌不同，酵母菌颜色多为乳白色或矿烛色，只有少数为红色，个别为黑色。另外，凡不产假菌丝的酵母菌，其菌落更为隆起，边缘极为圆整，而能产生大量假菌丝的酵母其菌落较扁平，表面和边缘较粗糙。

酵母菌在液体培养基中，有些位于培养液的底部并产生沉淀，有些位于培养液中并均匀分布，有些则在培养液的表面形成菌膜或菌醭，且不同种类的酵母菌形成菌膜和菌醭的厚度不同，有时甚至变干、变皱。

现将细菌、放线菌、酵母菌和霉菌这四大类微生物的细胞和菌落形态等特征做一比较，见表 1-1。

表 1-1　四类微生物细胞形态与菌落特征的比较

<table>
<tr><th colspan="3" rowspan="2">项目</th><th colspan="2">单细胞微生物</th><th colspan="2">丝状微生物</th></tr>
<tr><th>细菌</th><th>酵母菌</th><th>放线菌</th><th>霉菌</th></tr>
<tr><td rowspan="4">主要特征</td><td rowspan="2">细胞</td><td>形态特征</td><td>小、均匀，个别有特殊结构</td><td>大且分化</td><td>细且均匀</td><td>粗且分化</td></tr>
<tr><td>相互关系</td><td>单个分散或按一定方式排列</td><td>单个分散或呈假丝状</td><td>丝状交织</td><td>丝状交织</td></tr>
<tr><td rowspan="2">菌落</td><td>含水情况</td><td>很湿或较湿</td><td>较湿</td><td>干燥或较干燥</td><td>干燥</td></tr>
<tr><td>外观特征</td><td>小而凸起或大而平坦</td><td>大而凸起</td><td>小而紧密</td><td>大而松或小而紧密</td></tr>
<tr><td rowspan="6">参考特征</td><td colspan="2">菌落透明度</td><td>透明或稍透明</td><td>稍透明</td><td>不透明</td><td>不透明</td></tr>
<tr><td colspan="2">菌落与培养基结合度</td><td>不结合</td><td>不结合</td><td>牢固结合</td><td>较牢固结合</td></tr>
<tr><td colspan="2">菌落颜色</td><td>多种</td><td>单调</td><td>十分多样</td><td>十分多样</td></tr>
<tr><td colspan="2">菌落正反色差</td><td>相同</td><td>相同</td><td>一般不同</td><td>一般不同</td></tr>
<tr><td colspan="2">细胞生长速率</td><td>一般很快</td><td>较快</td><td>慢</td><td>一般较快</td></tr>
<tr><td colspan="2">气味</td><td>一般有臭味</td><td>多带酒香</td><td>常有泥腥味</td><td>霉味</td></tr>
</table>

【任务实施】

菌落形态特征的描述

1. 材料准备

培养基：PDA 培养基、牛肉膏蛋白胨培养基、YEPD 培养基。

2. 工作流程

各小组查询和学习菌落形态特征的相关资料，确定本任务所需用品种类及数量的清单→准备和清点材料→设计任务实施方案→讨论、修改方案→任务实施→反馈改进。

3. 操作步骤

（1）细菌菌落形态观察　包括菌落大小、颜色、形状（圆形、不规则、假根状）、边缘（整齐光滑、叶状、波浪状、锯齿状、丝状）、隆起（扁平、低凸起、高凸起）、透明度（透明、半透明、不透明）、光泽（金属光泽、油脂性光泽）、质地（油脂状、膜状、黏稠状）、表面状态（光滑、褶皱、颗粒状、龟裂状）等。

（2）酵母菌形态观察　大多数酵母菌的菌落与细菌相似，呈圆形，湿润有黏性，不透明，表面光滑，有油脂光泽。多数为白色或乳白色，少数为红色，培养时间长了，颜色会变暗。与培养基结合不紧，易被挑起。质地黏稠，边缘皱褶状。

（3）霉菌形态观察　霉菌由分枝状菌丝组成，菌丝粗而长，形成的菌落疏松，菌丝有绒毛状、棉絮状、蜘蛛网状，菌落很大，是细菌的几十倍，表面蔓延，有多种颜色，菌落正反面颜色多有不同。

（4）记录观察结果　填入表1-2中。

表1-2　微生物菌落特征观察记录

形态特征	细菌	霉菌	酵母菌
培养基			
形状			
大小			
表面状态			
隆起程度			
透明度			
光泽度			
边缘			
颜色			

4. 任务评价及考核

（1）完成菌落形态观察记录表的填写。

（2）对菌落形态观察结果及报告进行自评和小组互评。

（3）教师考核各小组操作的准确性。

（4）根据师生评价结果及时改进。

任务五　细菌形态观察及染色

【必备知识】

一、细菌简单染色基本原理

在中性、碱性或弱酸性溶液中，细菌细胞通常带负电荷，所以常用碱性染料进行染色。碱性染料并不是碱，和其他染料一样是一种盐，电离时染料离子带正电，易与带负电荷的细菌结合而使细菌着色。例如，亚甲蓝实际上是氯化亚甲蓝盐，它可被电离成正、负离子，带正电荷的染料离子可使细菌细胞染成蓝色。常用的碱性染料除亚甲蓝外，还有结晶紫、碱性复红、番红（又称沙黄）等。细菌体积小，较透明，如未经染色常不易识别，而经着色后，可与背景形成鲜明的对比，使易于在显微镜下进行观察。

二、细菌革兰氏染色原理

革兰氏染色法是1884年由丹麦病理学家C. Gram所创立的，革兰氏染色法可将所有的细菌区分为革兰氏阳性菌（G^+菌）和革兰氏阴性菌（G^-菌）两大类，是细菌学上最常用的鉴别染色法。该染色法之所以能将细菌分为G^+菌和G^-菌，是由这两类菌的细胞壁结构和成分的不同所决定的。

G^-菌的细胞壁中含有较多易被乙醇溶解的脂质，而且肽聚糖层较薄，交联度低，故用乙醇脱色时溶解了脂质，增加了细胞壁的通透性，使初染的结晶紫和碘的复合物易于渗出，结果细菌就被脱色，再经番红复染后就呈红色。

G^+菌细胞壁中肽聚糖层厚且交联度高，脂质含量少，经脱色剂处理后反而使肽聚糖层的孔径缩小，通透性降低，因此细菌仍保留初染时的颜色。

革兰氏染色需用四种不同的溶液：碱性染料初染液、媒染剂、脱色剂和复染液。碱性染料初染液的作用是与细菌结合使其着色，而用于革兰氏染色的初染液一般是结晶紫。媒染剂的作用是增加染料和细胞之间的亲和性或附着力，即以某种方式帮助染料固定在细胞上，使之不易脱落，碘是常用的媒染剂。脱色剂是将被染色的细胞进行脱色，不同类型的细胞脱色反应不同，有的能被脱色，有的则不能，脱色剂常用95%的酒精。复染液也是一种碱性染料，其颜色不同于初染液，复染的目的是使被脱色的细胞染上不同于初染液的颜色，而未被脱色的细胞仍然保持初染的颜色，从而将细胞区分成G^+菌和G^-菌两大类群，常用的复染液是番红。

三、芽孢染色原理

细菌的芽孢具有厚而致密的壁，通透性低，不易着色，若用一般染色法只能使菌体着色，而不能使芽孢着色（芽孢呈无色透明状）。芽孢染色法就是根据芽孢既难以染色而一旦染上色后又难以脱色这一特点而设计的。所有的芽孢染色法都基于同一个原则：除了用着色力强的染料外，还需要加热，以促进芽孢着色。当染芽孢时，菌体也会着色，可进行水洗，因为芽孢染上的颜色难以渗出，而菌体会脱色。然后用对比度强的染料对菌体复染，使菌体和芽孢呈现出不同的颜色，以更明显地衬托出芽孢，便于观察。

四、荚膜染色原理

细菌荚膜与染料间的亲和力弱，不易着色，通常采用负染色法染荚膜，即设法使菌体和背景着色而荚膜不着色，从而使荚膜在菌体周围呈一透明圈。由于荚膜的含水量在90%以上，故染色时一般不加热固定，以免荚膜皱缩变形。

五、鞭毛染色原理

细菌中螺旋菌、部分杆菌及少数球菌具有鞭毛。有鞭毛的细菌在幼龄时具有较强的运动力。衰老细胞的鞭毛易脱落，故观察运动性或做鞭毛染色时宜选幼龄菌。

细菌的鞭毛极细，直径一般为 10～20nm，只有用电子显微镜才能观察到。采用特殊的染色法染色后，则在普通光学显微镜下也能看到它。鞭毛染色方法很多，但其基本原理相同，即染色前先用媒染剂处理，让它沉积在鞭毛上，使鞭毛直径加粗，然后再进行染色。

【任务实施】

子任务 1　细菌的简单染色

1. 材料准备

（1）菌种　球菌、杆菌和螺旋菌的斜面培养物。

（2）染液　草酸铵结晶紫、齐氏石炭酸复红。

（3）其他器具　普通光学显微镜、载玻片、镊子、接种环、吸水纸、废液缸、洗瓶、擦镜纸、香柏油、二甲苯、酒精灯。

2. 工作流程

各小组查询和学习细菌简单染色技术的相关资料，确定本任务所需用品种类及数量的清单→准备和清点材料→设计任务实施方案→讨论、修改方案→任务实施→反馈改进。

3. 操作步骤

（1）涂片　取干净载玻片一块，于中央加一滴生理盐水或无菌水，将接种环在火焰上灼烧灭菌，冷却后，取菌种试管斜面一支，按无菌操作法取菌涂片，做成浓菌液。再取干净载玻片一块将刚制成的浓菌液挑 2～3 环涂在中央制成薄的涂面。亦可直接在载玻片上制薄的涂面，注意取菌不要太多。如果是液体培养物则不必加水，直接取菌液 1 环涂片，接种环经灭菌后放回原处。无菌操作如图 1-9 所示。

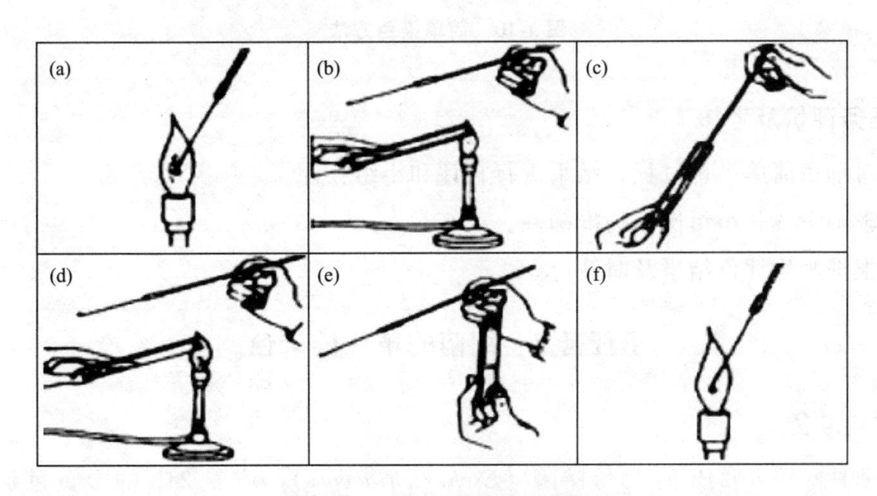

图 1-9　涂片过程的无菌操作

（2）干燥　让涂片自然干燥，也可将涂面朝上在酒精灯上方稍稍加热，使其干燥。但切勿离火焰太近，温度太高会破坏菌体形态。

（3）固定　涂片染色前必须先固定，目的是杀死细菌，使菌体黏附于载玻片上，同时增加菌体对染料的亲和力。固定时应尽量维持菌体原有形态，防止细胞膨胀或收缩。如果干燥，则采用加热干燥法，固定与干燥可合为一步：手执载玻片一端，涂面朝上，在酒精灯上方快速通过火焰 3 次，用手背接触载玻片反面，以皮肤不觉烫为宜。

（4）染色　将固定过的涂片放在废液缸上的搁架上，在整个涂面上滴加石炭酸复红（或草酸铵结晶紫）染液，染色 1～2min。

（5）水洗　染色时间一到，倾去染液，用洗瓶中的自来水自载玻片一端轻轻冲洗，至流下的水中无染色液的颜色时为止。

（6）干燥　将洗过的涂片放在空气中自然晾干，也可用吸水纸吸去载玻片上多余的水分（注意不要将菌体擦去），再自然晾干或在离火焰较远处微热烘干。

（7）镜检　先用低倍镜观察，再用高倍镜观察，找出适当的视野后，再用油镜观察细菌的形态。

简单染色法操作过程如图 1-10 所示。

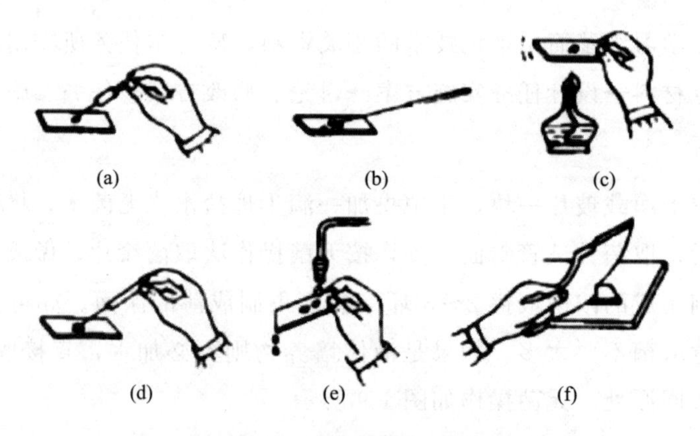

图 1-10　简单染色方法

4. 任务评价及考核

（1）对细菌简单染色过程、结果进行自评和小组互评。

（2）教师考核各小组操作的准确性。

（3）根据师生评价结果及时改进。

子任务 2　细菌的革兰氏染色

1. 材料准备

（1）菌种　培养 24h 的大肠杆菌（*Escherichia coli*），培养 24h 的金黄色葡萄球菌（*Staphylococcus aureus*）。

（2）染色剂和试剂　草酸铵结晶紫染液、卢戈氏碘液、95%乙醇、番红染液、二甲苯、香柏油。

（3）其他器具　普通光学显微镜、擦镜纸、载玻片、镊子、废液缸、洗瓶、接种环、酒精灯、吸水纸。

2. 工作流程

各小组查询和学习细菌革兰氏染色技术的相关资料，确定本任务所需用品种类及数量的清单→准备和清点材料→设计实验方案→讨论、修改方案→任务实施→反馈改进。

3. 操作步骤

（1）涂片　挑取少许大肠杆菌和金黄色葡萄球菌，分别涂片。也可采用“三区”涂片法，即在玻片中央偏左和偏右处各加一滴无菌水，先挑取少量的大肠杆菌、金黄色葡萄球菌在左、右两边分别涂片后，再将左、右两边的菌液延伸于中央区，使大肠杆菌和金黄色葡萄球菌相互混合。

（2）干燥　与简单染色法相同。

（3）固定　与简单染色法相同。

（4）初染　将载玻片置于废液缸载玻片搁架上，加适量（以盖满细菌涂面为准）的草酸铵结晶紫染液染色1～2min。

（5）水洗　倾去染色液，用洗瓶中的自来水自载玻片一端轻轻冲洗，至流下的水中无染色液的颜色时为止。

（6）媒染　将载玻片置于废液缸载玻片搁架上，加适量（以盖满细菌涂面为准）卢戈氏碘液染色1min。

（7）水洗　倾去染色液，用洗瓶中的自来水自载玻片一端轻轻冲洗，至流下的水中无染色液的颜色时为止。

（8）脱色　将载玻片倾斜，连续滴加95%乙醇脱色，至流出液刚刚不出现紫色时即停止（约20～30s），立即用水洗净乙醇，终止脱色，并轻轻吸干。

（9）复染　将载玻片置于废液缸载玻片搁架上，滴加适量（以盖满细菌涂面为准）的番红染液复染2min。

（10）水洗　倾去染色液，用洗瓶中的自来水自载玻片一端轻轻冲洗，至流下的水中无染色液的颜色时为止，用吸水纸吸干。

（11）镜检　镜检时先用低倍镜，再用高倍镜，最后用油镜观察，并判断菌体的革兰氏染色反应。以分散开的细菌的革兰氏染色反应为准，过于密集的细菌常常由于脱色不完全而呈假阳性。

革兰氏染色操作如图1-11所示。

镜检

4. 任务评价及考核

（1）对细菌革兰氏染色的过程、结果进行自评和小组互评。

（2）教师考核各小组操作的准确性。

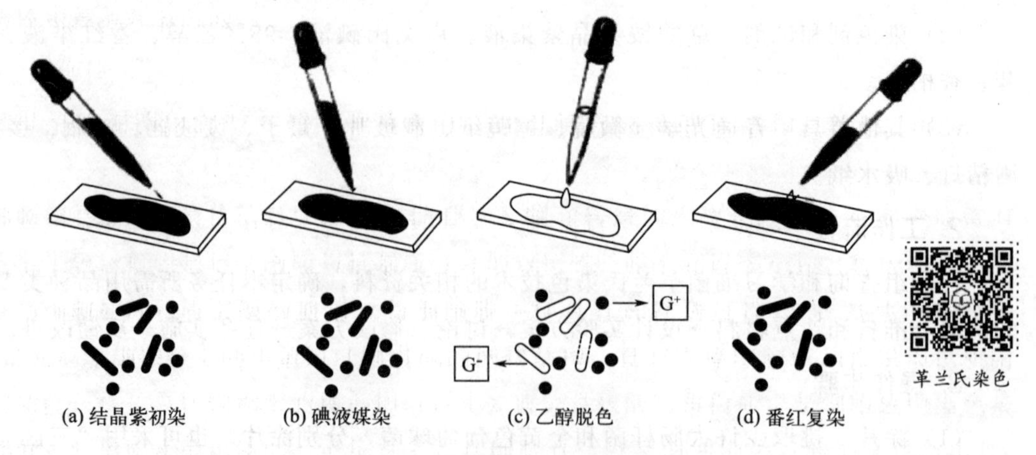

图 1-11　革兰氏染色操作示意图

（3）根据师生评价结果及时改进。

子任务 3　细菌芽孢的染色

1. 材料准备

（1）菌种　枯草芽孢杆菌（*Bacillus subtilis*）营养琼脂斜面培养物，或苏云金芽孢杆菌（*Bacillus thuringiensis*）斜面培养物。

（2）染色剂和试剂　5%孔雀绿溶液、0.5%番红溶液、无菌水、香柏油、二甲苯。

（3）其他器具　酒精灯、小试管、滴管、烧杯、试管架、载玻片、盖玻片、木夹子、滤纸、显微镜等。

2. 工作流程

各小组查询和学习细菌芽孢染色技术的相关资料，确定本任务所需用品种类及数量的清单→准备和清点材料→设计任务实施方案→讨论、修改方案→任务实施→反馈改进。

3. 操作步骤

（1）常规的 Schaeffer-Fulton 染色法

① 取于 37℃培养 18～24h 的枯草芽孢杆菌（或苏云金芽孢杆菌）制作涂片，并干燥、固定（参见“细菌简单染色技术”）。

② 于涂片上滴入 3～5 滴 5%孔雀绿溶液。

③ 用试管夹夹住载玻片在火焰上用微火加热，自载玻片上出现蒸气时，开始计算时间，4～5min。加热过程中切勿使染料蒸干，必要时可添加少许染料。

④ 待载玻片冷却后，用水冲洗至孔雀绿不再褪色为止。

⑤ 用 0.5%番红溶液复染 1min，水洗。

⑥ 风干后用油镜观察。芽孢被染成绿色，菌体呈红色。

（2）改良的 Schaeffer-Fulton 染色法

① 加 1～2 滴自来水于小试管中，用接种环从斜面上挑取 2～3 环培养 18～24h 的枯

草芽孢杆菌（或苏云金芽孢杆菌）菌苔于试管中，并充分混匀打散，制成浓稠的菌液。

② 加5%孔雀绿溶液3～4滴于小试管中，用接种环搅拌使染料与菌液充分混合。

③ 将此试管浸于沸水浴（烧杯）中，加热15～20min。

④ 用接种环从试管底部挑数环菌液涂于洁净的载玻片上，并涂成薄膜，将涂片通过微火3次固定。

⑤ 水洗，至流出的水中无孔雀绿颜色为止。

⑥ 加番红（或0.05%的碱性复红）溶液，染2～3min后，倾去染液，不用水洗，直接用吸水纸吸干。

⑦ 干燥后用油镜观察。芽孢为绿色，菌体为红色。

4. 任务评价及考核

（1）对细菌芽孢染色的过程、结果进行自评和小组互评。

（2）教师考核各小组操作的准确性。

（3）根据师生评价结果及时改进。

子任务4　细菌荚膜的染色

1. 材料准备

（1）菌种　肠膜明串珠菌（*Leuconostoc mesenteroides*）。

（2）试剂　墨水（绘图墨水用滤纸过滤后贮藏于瓶中备用）、6%葡萄糖水溶液、1%甲基紫水溶液、甲醇、Tyler法染色液、20% $CuSO_4$ 水溶液。

（3）其他器具　载玻片、擦镜纸、香柏油、二甲苯、显微镜。

2. 工作流程

各小组查询和学习细菌荚膜染色技术的相关资料，确定本任务所需用品种类及数量的清单→准备和清点材料→设计任务实施方案→讨论、修改方案→任务实施→反馈改进。

3. 操作步骤

（1）湿墨水法

① 在洁净的载玻片上加一滴墨水，挑少量菌体与墨水充分混匀。

② 在混合液滴上放一清洁盖玻片，再在盖玻片上放一张滤纸，向下轻压吸收多余的菌液。

③ 镜检：结果是背景灰色，菌体较暗，在菌体周围呈一明亮的透明圈即荚膜。

（2）干墨水法

① 在洁净载玻片一端加一滴6%葡萄糖液，挑少量菌体与其充分混合，再加一环墨水与其充分混合。

② 左手拿上述载玻片，右手拿另一新载玻片（载玻片边无缺口）作推片，如图1-12所示。将推片一端的边缘与菌液边以30°角接触后，顺势将菌液迅速而均匀地推向载玻片的另一端，使菌液铺成均匀的薄膜。

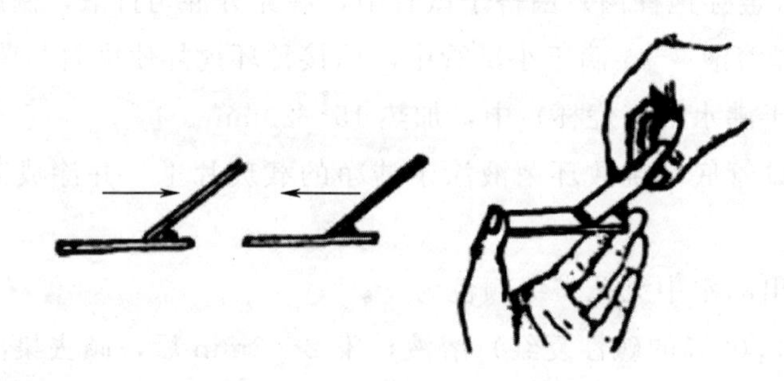

图 1-12　推片法操作示意图

③ 干燥。于空气中自然干燥。

④ 固定。用甲醇浸没涂片，固定 1min，立即倾去甲醇。

⑤ 染色。用甲基紫染 1～2min。

⑥ 水洗。用自来水轻洗，自然干燥。

⑦ 镜检。背景灰色，菌体紫色，荚膜呈一清晰透明圈。

(3) Tyler 法

① 涂片。在洁净载玻片上滴一滴水，稍多挑些菌与水充分混合，将黏稠的菌液尽量涂开，但涂布面积不宜过大。

② 干燥。在空气中自然干燥。

③ 染色。用 Tyler 法染色液（结晶紫冰醋酸染色液）染色 5～7min。

④ 脱色。用 20% $CuSO_4$ 水溶液洗去结晶紫，但脱色要适度（约冲洗 2 遍）。用吸水纸吸干，并立即加 1～2 滴香柏油于涂片处，以防止 $CuSO_4$ 结晶的形成。

⑤ 镜检。背景蓝紫色，菌体紫色，荚膜无色或浅紫色。

4. 任务评价及考核

(1) 对细菌荚膜染色的结果进行自评和小组互评。

(2) 教师考核各小组操作的准确性。

(3) 根据师生评价结果及时改进。

子任务 5　细菌鞭毛的染色

1. 材料准备

(1) 菌种　苏云金杆菌（*Bacillus thuringiensis*）。

(2) 染液　硝酸银染色液（A、B 液）；Leifson 染色液（A、B、C 液）；Baily 染色液（A、B 液）；Ziehl 石炭酸复红液。

(3) 其他器具　凹玻片、新载玻片、盖玻片、试管、接种环、凡士林、二甲苯、香柏油。

2. 工作流程

各小组查询和学习细菌鞭毛染色相关资料，确定本任务所需用品种类及数量的清单→

准备和清点材料→设计任务实施方案→讨论、修改方案→任务实施→反馈改进。

3. 操作步骤

(1) 硝酸银染色法

① 活化菌种。将保存的变形苏云金杆菌在新制备的普通牛肉膏蛋白胨斜面培养基上连续移种 3～4 次，每次于 37℃培养 10～15h，菌种活化后备用。注意培养稍久的菌，鞭毛易脱落，所以要用新鲜的菌体，一般是用经 3～5 代（每代培养时间 16～20h）的斜面，最后一代接到含 0.8%～1.2%琼脂的软琼脂培养基（带有冷凝水）中经 12～16h 培养得到的菌体为佳。

② 制片。

a. 载玻片的清洗。为了使菌液流过载玻片时能迅速展开，保持细菌的自然形态，应选用洁净、光滑、无划痕、无油迹的载玻片（水滴在载玻片上能均匀散开）。清洗方法：将载玻片置于洗涤灵水溶液中煮沸 10min，然后用自来水冲洗，再用蒸馏水洗净，沥干水后置 95%乙醇中脱水脱油备用。使用时在火焰上烧去酒精。

b. 菌液的制备。取斜面或平板菌种培养物数环于盛有 1～2mL 无菌生理盐水的试管中，制成轻度浑浊的菌悬液用于制片。也可用培养物直接制片，但效果往往不如先制备的菌液。

c. 制片。在干净载玻片的一端滴一滴蒸馏水，以无菌操作，用接种环取一环菌液（注意不要带培养基），在载玻片的水滴中轻蘸几下，将载玻片稍倾斜，使菌液随水滴缓缓流到另一端，然后平放，于空气中干燥。干后应尽快染色，不宜放置时间过长。切勿用接种环涂抹，以免损伤鞭毛。

d. 染色。滴加鞭毛染色液 A 液，染 3～5min，用蒸馏水冲洗净 A 液，使背景清洁。注意：一定要充分洗净 A 液后再加 B 液，否则残留的 A 液与 B 液反应后，可使背景呈棕褐色，导致不易分辨鞭毛。

将残水沥干或用 B 液冲去残水。滴加 B 液，使 B 液充满载玻片，在微火上加热使微冒蒸气，并随时补充染料以免干涸，染 30～60s，待冷却后，用蒸馏水轻轻冲洗，自然干燥或用滤纸吸干。

e. 镜检。先用低倍镜和高倍镜找到典型区域，然后用油镜观察，菌体为黑褐色，鞭毛为深褐色，通常呈波浪形。

注意：若观察鞭毛着生位置，镜检时应多找几个视野，有时只在部分涂片上染出鞭毛；鞭毛染色也可采用不加热的方法，但染色时间要长些，一般 A 液染 6～7min，B 液染 5min，镜检菌体及鞭毛都呈褐色。

(2) 改良的 Leifson 染色法

① 菌种活化、载玻片的清洗、菌液的制备方法同硝酸银染色法。

② 制片。用记号笔在载玻片反面将载玻片分成 3～4 个等分区，翻转载玻片，在每一小区的一端放一小滴菌液。将载玻片倾斜，让菌液流到小区的另一端，用滤纸吸去多余的

菌液。自然干燥。

③ 染色。加 Leifson 染色液覆盖第一区的涂面，隔数分钟后，加染液于第二区涂面，如此继续染第三、四区。间隔时间自行确定，其目的是确定最佳染色时间。在染色过程中仔细观察，当整个玻片都出现铁锈色沉淀、染料表面出现金属光泽膜时，即直接用水轻轻冲洗（不要先倾去染料再冲洗，否则背景不清），自然干燥。染色时间大约 10min。

④ 镜检。先用低倍镜和高倍镜找到典型区域，然后用油镜观察，常有部分涂片区的菌体染出鞭毛，菌体和鞭毛均呈红色。

4. 任务评价及考核

（1）对细菌鞭毛染色过程、结果进行自评和小组互评。

（2）教师考核各小组操作的准确性。

（3）根据师生评价结果及时改进。

任务六　霉菌和酵母菌形态观察

【必备知识】

一、霉菌形态观察基本原理

霉菌菌丝的构造与酵母菌类似，也是由细胞壁、细胞膜、细胞质、细胞核及其内含物等构成，并且含有线粒体、核糖体等细胞器，在老龄的细胞中还含有液泡。除少数水生霉菌的细胞壁中含有纤维素外，其他大部分主要是由几丁质构成。霉菌原生质体的制备可以采用蜗牛消化酶来消化霉菌的细胞壁；土壤中有些细菌体内也含有分解霉菌细胞壁的酶。霉菌的细胞膜、细胞质、细胞核、细胞器等结构与酵母菌基本相同。

根据菌丝是否存在隔膜，将霉菌菌丝分为无隔菌丝和有隔菌丝两类。无隔菌丝就是构成霉菌营养体的菌丝为单细胞。无隔菌丝中一般含有多个细胞核，例如毛霉属和根霉属霉菌；有隔菌丝就是构成霉菌营养体的菌丝为多细胞，大多数霉菌属于多细胞，如曲霉属和青霉属霉菌。通过载玻片培养等技术，在显微镜下可以清楚地观察到菌丝的形态和构造。根据霉菌菌丝在培养基上生长部位的不同，将其分为营养菌丝（又称基内菌丝）和气生菌丝。营养菌丝生长在培养基内，主要功能是吸收营养物质；气生菌丝伸出培养基外，生长在空气中。有些气生菌丝生长到一定阶段会分化出具有繁殖能力的菌丝，即繁殖菌丝。有些气生菌丝则会聚集成团，构成一种坚硬的休眠体，即菌核。菌核对外界不良环境有较强的抵抗力，当条件适宜时它便可萌发出菌丝。

二、酵母菌形态观察基本原理

（一）酵母菌的形态和大小

酵母菌为单细胞真核微生物，其细胞形态有球形、卵圆形、柱状和香肠状等，少数酵母菌为柠檬形、尖顶形等。

酵母菌大小约为细菌大小的 10 倍，其直径一般为 2～5μm，长度为 5～30μm，最长可达 100μm。最典型和最重要的酵母菌为酿酒酵母，其细胞大小为（2.5～10μm）×（4.5～21μm）。

酵母菌的大小和形态与菌龄、环境有关，一般成熟的细胞大于幼龄的细胞；液体培养的细胞大于固体培养的细胞。有些种的细胞大小、形态极不均匀，而有些种的细胞则较为均一。

（二）酵母菌的细胞结构

酵母菌属于真核微生物，其细胞结构已经接近于高等生物的细胞结构。一般具有细胞壁、细胞膜、细胞质、细胞核、一个或多个液泡、线粒体、核糖体、内质网、微体、微丝及内含物等。

1. 细胞壁

酵母菌的细胞壁厚为 0.1～0.3μm，有的酵母菌细胞壁会随着菌龄加厚，重量为细胞干重的 18%～25%。构成细胞壁的主要成分为“酵母纤维素”。在电镜下，细胞壁呈“三明治”结构：外层为甘露糖，内层为葡聚糖，中间夹着一层蛋白质。葡聚糖是赋予细胞壁机械强度的主要成分，在芽痕周围还含有几丁质。

2. 细胞膜

酵母菌的细胞膜与细菌的细胞膜基本相同，也是由磷脂双分子层构成的，其间镶嵌着蛋白质。所不同的是，酵母菌细胞膜的磷脂双分子层上还镶嵌着原核生物所不具备的物质——甾醇。酵母菌的细胞膜也是一种选择透过性膜，即半透膜。

酵母菌细胞膜的主要功能是选择性地运入营养物质，排出代谢废物；同时，它还是细胞壁等大分子物质的生物合成和装配基地，也是部分酶合成和作用的场所。

3. 细胞质

酵母菌的细胞质是一种透明、黏稠、不流动并充满整个细胞的溶胶状物质。在细胞质中悬浮着所有细胞器，如内质网、核糖体、溶酶体、微体、线粒体、叶绿体等。

细胞质中含有丰富的酶、各种内含物以及中间代谢产物等，所以细胞质是细胞代谢活动的重要场所；同时细胞质还赋予细胞一定的机械强度。

微体是单层膜包裹的、与溶酶体相似的球形细胞器，微体中所含的酶与溶酶体不同。其中主要有两种酶，一种是依赖于黄素腺嘌呤二核苷酸（FAD）的氧化酶，另一种是过氧化氢酶，它们共同作用可使细胞免受 H_2O_2 的毒害。细胞中约有 20%的脂肪酸是在过氧化物酶体中被氧化分解的。

4. 细胞核

酵母菌的细胞中有明显的细胞核存在，并且具有完整的核结构：核膜、核基质、核仁。

细胞核是细胞内遗传信息（DNA）储存、复制和转录的主要场所，每个细胞通常有一个或多个核。核膜是将细胞质与核基质分开的双层膜。膜上有许多小孔，称为核孔，核孔是核与细胞质间物质交换的通道（与细胞膜一样具有选择透过性）。核基质旧称“核液”，是充满于细胞核空间由蛋白纤维组成的网状结构，具有支撑细胞核和提供染色质附着点的功能。核仁是比较稠密的球形构造，主要成分是核酸与蛋白质，是细胞核中染色最深的部分，它依附于染色体的一定位置上，在细胞有丝分裂前期消失，后期又重新出现。每个核内有一至数个核仁。

【任务实施】

子任务1　霉菌形态观察

1. 材料准备

（1）菌种　根霉（*Rhizopus* spp.）培养 2～5d 的 PDA 斜面和平板培养物，毛霉（*Mucor* spp.）培养 2～5d 的 PDA 斜面和平板培养物，曲霉（*Aspergillus* spp.）培养 2～5d 的 PDA 斜面和平板培养物，青霉（*Penicillium* spp.）培养 2～5d 的 PDA 斜面和平板培养物。

（2）培养基及试剂

① 马铃薯葡萄糖琼脂（PDA）。

② 乳酸石炭酸棉蓝染色液：将石炭酸加在水中加热溶化后，加入甘油和乳酸，最后加棉蓝溶解即可。

③ 50%乙醇。

④ 20%甘油。

（3）仪器或其他用具　接种环、接种针或解剖针、镊子、解剖刀、酒精灯、载玻片、盖玻片、U形玻璃棒、培养皿、无菌细口滴管、显微镜、恒温培养箱等。

2. 工作流程

各小组查询和学习霉菌形态观察相关资料，确定本任务所需用品种类及数量的清单→准备和清点材料→设计任务实施方案→讨论、修改方案→任务实施→反馈改进。

3. 操作步骤

在载玻片上滴一滴乳酸石炭酸棉蓝染色液，用解剖针（或小镊子）从霉菌菌落边缘处挑取少量已产孢子的霉菌菌丝，先置于 50%乙醇中浸一下以洗去脱落的孢子，再置于载玻片上的染液中，用解剖针小心地将菌丝分散开。盖上盖玻片（注意勿压入气泡和移动盖玻片，以免影响观察），置于低倍镜和高倍镜下观察。

（1）根霉　将根霉斜面培养物置于显微镜载物台上，用低倍镜观察根霉的孢子囊柄、孢子囊、假根和匍匐枝，用高倍镜观察孢子囊孢子的形状、大小。

（2）毛霉　用低倍镜观察毛霉的孢子囊梗粗细、孢子囊大小、形状、色泽等。

（3）曲霉　在高倍镜下观察菌丝有无隔膜、分生孢子着生位置，辨认分生孢子梗、顶囊、小梗和分生孢子。

（4）青霉　在高倍镜下观察菌丝有无隔膜、分生孢子梗、副枝、小梗和分生孢子的形状等。

4. 任务评价及考核

（1）对霉菌形态观察的过程、结果进行自评和小组互评。

（2）教师考核各小组操作的准确性。

（3）根据师生评价结果及时改进。

子任务 2　酵母菌形态观察

1. 材料准备

（1）菌种　啤酒酵母（*Saccharomyces cerevisiae*）、假丝酵母（*Candida* spp.）于 28℃培养 24～48h 的麦芽汁（或 PDA 培养基）斜面试管培养物。

（2）培养基及试剂　麦芽汁琼脂斜面试管、马铃薯葡萄糖琼脂（PDA）平板、玉米粉蔗糖琼脂平板、醋酸钠琼脂斜面试管或平板（麦氏培养基）、8.5‰生理盐水、革兰氏碘液、0.05%和 0.1%亚甲蓝染色液（以 pH6.0 的 0.02mol/L 的磷酸盐缓冲液配制）、5%孔雀绿染色液、95%乙醇、0.5%沙黄染色液、0.04%或 0.1%中性染色液（水溶液）。

（3）仪器或其他用具　接种环、酒精灯、载玻片、盖玻片、镊子、显微镜、恒温培养箱。

2. 工作流程

各小组查询和学习酵母菌形态观察相关资料，确定本任务所需用品种类及数量的清单→准备和清点材料→设计任务实施方案→讨论、修改方案→任务实施→反馈改进。

3. 操作步骤

（1）啤酒酵母的形态观察

① 生理盐水浸片法。在载玻片中央加 1 滴无菌生理盐水（不宜用无菌水制作水浸片，否则细胞易破裂），然后按无菌操作要求，用接种环取少量啤酒酵母菌苔与生理盐水混匀，使其分散成云雾状薄层，另取一清洁盖玻片，将一边与菌液接触，以 45°角缓慢覆盖菌液（避免留有气泡而影响观察）。先用低倍镜观察，再用高倍镜观察酵母菌的形态、大小及出芽情况。

② 水-碘液浸片法。在载玻片中央加 1 小滴革兰氏染色用碘液，然后在其上加 3 小滴

水，取少许酵母菌苔放在水-碘液中混匀，盖上盖玻片后镜检。

（2）假丝酵母的形态观察　用划线法将假丝酵母接种在 PDA 琼脂或玉米粉蔗糖琼脂培养基平板上，在划线部位加无菌盖玻片，于 25～28℃培养 3d，用无菌镊子取下盖玻片放于洁净载玻片上。先用低倍镜观察，再用高倍镜观察呈树枝状分枝的假菌丝形态，或打开培养皿盖，在显微镜下直接观察。假丝酵母刚形成的假菌丝和出芽繁殖形成的芽体不易区别，前者由细胞伸长成圆筒形，后者从其末端部或出芽连接部出芽，当生成丝状时则较易区别。

（3）酵母菌死活细胞的鉴别　在载玻片中央加 1 滴 0.1%亚甲蓝染色液，然后按无菌操作以接种环挑取少量啤酒酵母菌苔与染色液混匀，染色 2～3min。另取一清洁盖玻片，将一边与菌液接触，以 45°角缓慢覆盖菌液。将制片先用低倍镜观察，再用高倍镜观察，观察酵母菌的形态和出芽情况，同时区分其母细胞与芽体，区分死细胞（蓝色）、活细胞（不着色）和老龄细胞（淡蓝色）。染色约 30min 后再次进行观察。用 0.05%亚甲蓝染液重复上述操作。在一个视野里计数死细胞和活细胞，共计数 5～6 个视野。酵母菌死亡率一般用百分数来表示，按下列公式来计算：

$$死亡率=\frac{死细胞总数}{死活细胞总数}\times 100\%$$

（4）酵母菌子囊孢子的观察

① 菌种活化与子囊孢子的培养。将啤酒酵母移种至新鲜麦芽汁琼脂斜面上，于 25～28℃培养 24h，如此连续移种 2～3 次，每次培养 24h。将经活化的菌种划线转接到醋酸钠琼脂斜面或平板上，于 25～28℃培养约 1 周。

② 染色与观察。挑取少许产孢子菌苔于载玻片的水滴中，经涂片、干燥、热固定后，加数滴孔雀绿，染色 1min 后水洗，加 95%乙醇脱色 30s 后水洗，最后用 0.5%沙黄复染 30s 后水洗，用吸水滤纸吸干。油镜观察子囊孢子呈绿色，菌体和子囊呈粉红色。注意观察子囊孢子的数目、形状和子囊的形成率。

亦可不经染色直接制作水浸片，用高倍镜观察。水浸片中酵母菌的子囊为圆形大细胞，内有 2～4 个圆形的小细胞，即为子囊孢子。

③ 计算子囊形成率。计数时随机取 3 个视野，分别计数含孢子的子囊总数和不产孢子的细胞，按下列公式计算：

$$子囊形成率（\%）=\frac{3个视野中形成子囊的总数}{3个视野中（形成子囊的总数+不产孢子细胞的总数）}\times 100\%$$

④ 酵母菌液泡的活体观察。于洁净载玻片中央加一滴中性红染色液，取少量啤酒酵母斜面菌苔与染色液混匀，染色 5min，加盖玻片，在高倍镜下观察，细胞无色，液泡呈红色。中性红是液泡的活体染色剂，可在细胞处于生活状态时，将液泡染成红色，细胞质及核不着色。若细胞死亡，液泡染色消失，细胞质及核呈现弥散性红色。

4. 任务评价及考核

（1）对酵母菌形态观察过程、结果进行自评和小组互评。

（2）教师考核各小组操作的准确性。

（3）根据师生评价结果及时改进。

任务七 微生物菌种的保藏

【必备知识】

菌种保藏是指在广泛收集实验室和生产菌种、菌株的基础上，将它们妥善保藏，使之不死、不衰、不污染，以便于研究、交换和使用。而狭义的菌种保藏的目的是防止菌种的退化，保持菌种生活能力和优良的生产性能，尽量减少、推迟负变异，防止死亡，并确保不污染杂菌。

一、菌种保藏的目的和原理

微生物菌种资源是自然资源的重要组成部分，是生物多样性的重要体现，也是微生物科学研究、教学及生物技术产业持续发展的基础，在国民经济建设中发挥重要作用。微生物菌种收集、整理、保藏是一项基础性、公益性工作，微生物资源的收集和保藏具有重要意义，可为科技工作者从事科研活动提供物质基础。微生物纯培养的收集、分类和管理，兼具活标本馆、基因库的作用。

1. 菌种保藏的目的

微生物在使用和传代过程中容易发生污染、变异甚至死亡，因而常常造成菌种的衰退，并有可能使优良菌种丢失。菌种保藏的重要意义就在于尽可能保持其原有性状和活力的稳定，确保菌种不死亡、不变异、不被污染，以满足便于研究、交换和使用等诸方面的需要。

2. 菌种保藏的原理

无论采用何种保藏方法，首先应该挑选典型菌种的优良纯种来进行保藏，最好保藏它们的休眠体，如分生孢子、芽孢等。其次，应根据微生物生理、生化特点，人为地创造环境条件，使微生物长期处于代谢不活泼、生长繁殖受抑制的休眠状态。这些人工创造的环境主要有干燥、低温和缺氧等特点，另外，避光、缺乏营养、添加保护剂或酸度中和剂也能有效提高保藏效果。

二、菌种保藏的方法

各种微生物由于遗传特性不同，因此适合采用的保藏方法也不一样。一种良好且有效的保藏方法，首先应能保持原菌种的优良性状长期不变，其次应兼顾方法的通用性、操作的简便性和设备的普及性。下面介绍几种常用的菌种保藏方法。

1. 斜面低温保藏法

将菌种接种在适宜的斜面培养基上，待菌种生长完全后，置于4℃左右的冰箱中保藏，每隔一定时间（保藏期）再转接至新的斜面培养基上，生长后继续保藏，如此连续不断。

此法广泛适用于细菌、放线菌、酵母菌和霉菌等大多数微生物菌种的短期保藏及不宜用冷冻干燥保藏的菌种。

酵母菌、放线菌、霉菌和有芽孢的细菌一般可保存2～6个月，无芽孢的细菌可保存1个月左右。

此法由于采用低温保藏，大大减缓了微生物的代谢繁殖速率，从而降低了突变频率；同时也减少了培养基的水分蒸发，使其不至于干裂。该法的优点是简便易行，容易推广，存活率高，故科研和生产上对经常使用的菌种大多采用这种保藏方法。其缺点是菌株仍有一定程度的代谢活动能力，保藏期短，传代次数多，菌种较容易发生变异和被污染。

2. 石蜡油封藏法

此法是在无菌条件下，将灭过菌并已蒸发掉水分的液体石蜡倒入培养成熟的菌种斜面（或半固体穿刺培养物）上，石蜡油层高出斜面顶端1cm，使培养物与空气隔绝，加胶塞并用固体石蜡封口后，垂直放在室温或4℃冰箱内保藏。

使用的液体石蜡要求优质无毒，化学纯规格，灭菌条件是：150～170℃烘箱内灭菌1h；或121℃高压蒸汽灭菌60～80min，再置于80℃的烘箱内烘干除去水分。

由于液体石蜡阻隔了空气，使菌体处于缺氧状态，而且又防止了水分挥发，使培养物不会干裂，因而能使保藏期达1～2年或更长。这种方法操作简单，它适于保藏霉菌、酵母菌、放线菌、好氧性细菌等，对霉菌和酵母菌的保藏效果较好，可保存几年，甚至长达10年。但对很多厌氧性细菌的保藏效果较差。

3. 沙土管保藏法

这是一种常用的长期保藏菌种的方法，适用于产孢子的放线菌、霉菌及形成芽孢的细菌，对于一些对干燥敏感的细菌（如奈氏球菌、弧菌和假单胞杆菌）及酵母菌则不适用。

其制作方法是，先将沙与土分别洗净、烘干、过筛（一般沙用60目筛，土用120目筛），按沙与土的比例为（1～2）：1混匀，分装于小试管中，沙土的高度约1cm，以121℃蒸汽灭菌1～1.5h，间歇灭菌3次。于50℃烘干后经检查无误后备用。

将待保藏的菌株制成菌悬液或孢子悬液滴入沙土管中，放线菌和霉菌也可直接刮下孢子与载体混匀，而后置于干燥器中抽真空2～4h，用火焰熔封管口（或用石蜡封口），置于干燥器中，在室温或4℃冰箱内保藏。该方法适用于产孢子的微生物及形成芽孢的细菌，对于一些对干燥敏感的细菌及酵母菌则不适用。

沙土管法兼具低温、干燥、隔氧和无营养物等诸多条件，故保藏期较长，效果较好，且微生物移接方便，经济简便。它比石蜡油封藏法的保藏期长，为1～10年。

4. 麸皮保藏法

麸皮保藏法也称曲法保藏。即以麸皮作载体，吸附接入的孢子，然后在低温干燥条件下保存。其制作方法是按照不同菌种对水分要求的不同将麸皮与水以一定的比例［1∶(0.8～1.5)］拌匀，装量为试管体积的2/5，湿热灭菌后经冷却，接入新鲜培养的菌种，适温培养至孢子长成。将试管置于盛有氯化钙等干燥剂的干燥器中，于室温下干燥数日后移入低温下保藏；干燥后也可将试管用火焰熔封，再保藏，则效果更好。

此法适用于产孢子的霉菌和某些放线菌，保藏期在1年以上。因操作简单，经济实惠，工厂较多采用。

5. 甘油悬液保藏法

此法是将菌种悬浮在甘油蒸馏水中，置于低温下保藏。此法较简便，但需配备低温冰箱。保藏温度若采用－20℃，保藏期为0.5～1年，而采用－70℃，保藏期可达10年。

将拟保藏菌种对数期的培养液直接与经121℃蒸汽灭菌20min的甘油混合，并使甘油的终浓度在10%～15%，再分装于小离心管中，置低温冰箱中保藏。基因工程菌常采用此法保藏。

6. 冷冻真空干燥保藏法

冷冻真空干燥保藏法又称冷冻干燥保藏法，简称冻干法。它通常是用保护剂制备拟保藏菌种的细胞悬液或孢子悬液于安瓿管中，再在低温下快速将含菌样冻结，并减压抽真空，使水升华将样品脱水干燥，形成完全干燥的固体菌块，并在真空条件下立即融封，创造无氧真空环境，最后将样品置于低温下，使微生物处于休眠状态，而得以长期保藏。常用的保护剂有脱脂牛乳、血清、淀粉、葡聚糖等高分子物质。

由于此法同时具备低温、干燥、缺氧的菌种保藏条件，因此保藏期长，一般达5～15年，存活率高，变异率低，是目前被广泛采用的一种较理想的保藏方法。除不产孢子的丝状真菌不宜用此法外，其他大多数微生物如病毒、细菌、放线菌、酵母菌、丝状真菌等均可采用这种保藏方法。但该法操作比较烦琐，技术要求较高，且需要冻干机等设备。

保藏菌种需用时，可在无菌环境下开启安瓿管，将无菌的培养基注入安瓿管中，固体菌块溶解后，摇匀复水，然后将其接种于适宜该菌种生长的斜面上适温培养即可。

7. 液氮超低温保藏法

液氮超低温保藏法简称液氮保藏法或液氮法。它是以甘油、二甲基亚砜等作为保护剂，在液氮超低温（－196℃）条件下保藏的方法。其主要原理是：菌种细胞从常温过渡到低温，并在降至低温之前，使细胞内的自由水通过细胞膜外渗出来，以免膜内因自由水凝结成冰晶而使细胞损伤。

液氮低温保藏的保护剂，一般选用甘油、二甲基亚砜、糊精、血清蛋白、聚乙烯氮戊环酮、吐温-80等，但最常用的是甘油。不同微生物要选择不同的保护剂，再通过试验加以确定保护剂的浓度，原则上是控制在不足以造成微生物致死的浓度。

此法操作简便、高效，保藏期一般可达到15年以上，是目前公认的最有效的菌种长期保藏技术之一。除了少数对低温损伤敏感的微生物外，该法适用于各种微生物菌种的保藏，甚至藻类、原生动物、支原体等都能用此法获得有效的保藏。此法的另一大优点是可使用各种培养形式的微生物进行保藏，无论是孢子或菌体、液体培养物或固体培养物均可采用该保藏法。缺点是需购置超低温液氮设备，且液氮消耗较多，操作费用较高。

要使用菌种时，从液氮罐中取出安瓿瓶，并迅速放入35～40℃温水中，使之融化，按照无菌操作打开安瓿瓶，移接到保藏前使用的同一种培养基斜面上进行培养。从液氮罐中取安瓿瓶时速度要快，一般不超过1min，以防其他安瓿瓶升温而影响保藏质量。取样时，一定要戴专用手套以防止意外爆炸和冻伤。

8. 宿主保藏法

此法适用于专性活细胞寄生微生物（如病毒、立克次氏体等）。它们只能寄生在活的动植物或其他微生物体内，故可针对宿主细胞的特性进行保存。如植物病毒可用植物幼叶的汁液与病毒混合，冷冻或干燥保存。噬菌体可经过细菌培养扩大后，与培养基混合直接保存。动物病毒可直接用病毒感染适宜的脏器或体液，然后分装于试管中密封，低温保存。

在上述的菌种保藏方法中，以斜面低温保藏法、石蜡油封藏法、宿主保藏法最为简便，沙土管保藏法、麸皮保藏法和甘油悬液保藏法次之；冷冻真空干燥保藏法和液氮超低温保藏法较为复杂，但其保藏效果最好。应用时，可根据实际需要选用。

在国际著名的美国典型培养物收藏中心（ATCC），仅采用两种最有效的保藏法，即保藏期一般达5～15年的冷冻真空干燥保藏法与保藏期一般达15年以上的液氮超低温保藏法，以达到最大限度地减少传代次数，避免菌种变异和衰退的目的。我国菌种保藏多采用3种方法，即斜面低温保藏法、液氮超低温保藏法和冷冻真空干燥保藏法。

【任务实施】

子任务1　菌种的斜面低温保藏

1. 材料准备

（1）菌种　生长旺盛的细菌、酵母菌、放线菌和霉菌菌种。

（2）培养基　琼脂斜面培养基：牛肉膏蛋白胨培养基斜面、麦芽汁琼脂培养基斜面、高氏1号培养基斜面、马铃薯葡萄糖琼脂培养基斜面。半固体培养基：牛肉膏蛋白胨半固体深层培养基。

（3）仪器及其他用具　无菌试管、无菌吸管（1mL及5mL）、无菌滴管、酒精灯、接种环、普通冰箱、锥形瓶等。

2. 工作流程

各小组查询和学习斜面低温保藏技术相关资料，确定本任务所需用品种类及数量的清单→准备和清点材料→设计任务实施方案→讨论、修改方案→任务实施→反馈改进。

3. 操作步骤

（1）斜面低温保藏法　将生长旺盛的菌种接种到适宜的琼脂斜面上，置37℃培养箱孵育。待其生长良好后（如果是放线菌或霉菌应等其孢子形成），置于4℃冰箱中保藏。间隔一定时间更换培养基进行转种。具体操作步骤如下：

① 贴标签。取各种培养基斜面试管数支，将标注有菌株名称和接种日期的标签贴在试管斜面的正上方距离试管口2～3cm处。

② 接种。将待保藏的菌种用接种环以无菌操作方法移接至相应培养基斜面上。细菌和酵母菌宜采用对数生长期的细胞，而放线菌和丝状真菌宜采用成熟的孢子。

③ 培养。将细菌置于37℃恒温培养箱中培养18～24h，酵母菌置于28～30℃恒温培养箱中培养36～60h，放线菌和丝状真菌置于28℃恒温培养箱中培养4～7d。

④ 保藏。待菌株长好后，直接放入4℃冰箱中保藏。为防止棉塞受潮长杂菌，管口棉花应用牛皮纸包扎，或更换无菌胶塞，亦可用溶化的固体石蜡熔封棉塞或胶塞。

保藏时间依微生物种类不同而不同，酵母菌、霉菌、放线菌及有芽孢的细菌可保存2～6个月，保藏到此时间即移种一次；而不产芽孢的细菌最好每月移种一次；假单胞菌2周移种一次。

（2）半固体穿刺保藏法

① 贴标签。取无菌的牛肉膏蛋白胨半固体深层培养基试管数支，将标注有菌株名称和接种日期的标签贴在距离试管口2～3cm处。

② 穿刺接种。取细菌斜面菌种管一支，用接种针挑取菌种少许，朝深层琼脂培养基中央直刺至接近试管底部（切勿穿透到管底），然后沿穿刺线抽出接种针，塞上棉塞。

③ 培养。将接种过的培养基试管置于37℃恒温培养箱中培养48h左右。

④ 保藏。待菌株长好后，直接放入4℃冰箱中保藏。此种方法一般可保存半年至一年。

（3）实验结果　将实验结果记录到表1-3中。

表1-3　菌种生长情况记录

接种日期	菌种名称	培养条件		生长情况
		培养基	培养温度/℃	

（4）注意事项

① 在保藏期间应定期检查存放的房间、冰箱等的温度、湿度，以及各试管的棉塞有无长霉现象，如发现异常则立即取出该管重新移植，并经培养后补上空缺。

② 大量保存菌种每次移植时，各菌株的菌名、所用培养基一定要细心核对，确保准确无误。

③ 每次移植培养后，应与原保藏菌种的信息逐管对照，检查其培养特征，确保无误后再进行保藏。

④ 斜面保存的菌种，一般每株菌应保藏相继的三代培养物，以便对照。

4. 任务评价及考核

（1）完成菌种生长情况原始记录表的填写。

（2）对斜面低温保藏的过程和结果进行自评和小组互评。

（3）教师考核各小组操作步骤的准确性。

（4）根据师生评价结果及时改进。

子任务2　菌种的冷冻真空干燥保藏

1. 材料准备

（1）菌种　细菌、放线菌、酵母菌和霉菌。

（2）培养基　适合培养待保藏菌种的斜面培养基或琼脂平板。

（3）仪器及其他　脱脂牛奶、P_2O_5、无水 $CaCl_2$、10％HCl、安瓿管、无菌吸管、冷冻干燥装置等。

2. 工作流程

各小组查询和学习冷冻真空干燥保藏技术的相关资料，确定本任务所需用品种类及数量的清单→准备和清点材料→设计实验方案→讨论、修改方案→任务实施→反馈改进。

3. 操作步骤

（1）准备安瓿管　安瓿管一般用中性硬质玻璃制成，内径为 6～8mm。先用 10％ HCl 浸泡 8～10h，再用自来水冲洗至中性，最后用蒸馏水洗 1～2 次，烘干备用。将标有菌名、接种日期的标签放入安瓿管内，字面朝向管壁可见，管口塞上棉花，于 121℃灭菌 30min 备用。

（2）制备脱脂牛奶　将新鲜牛奶煮沸，除去表面油脂，再用脱脂棉过滤并以 3000r/min 离心 15min，除去上层油脂。如使用脱脂奶粉，可直接配成 20％的乳液，然后分装，高压灭菌，并做无菌试验。

（3）制备菌液　吸取 3mL 无菌牛奶移入菌种（16～18h 的培养物）斜面试管内，用接种环刮下培养物，并轻轻搅动，再用手搓动试管，即可制成均匀的细菌悬液。

（4）分装菌液　用无菌的长颈滴管将菌悬液分装于安瓿管底部，每管装 0.2mL（一般装量约为安瓿管球部体积的 1/3）。注意不要使菌悬液粘在管壁上。

（5）菌悬液预冻　将装有菌悬液的安瓿管管口外的棉花剪去，并将其余棉花向里推至离管口约 15mm 处，再将安瓿管上端烧熔，拉成细颈，将安瓿管用橡皮管连接在 U 管的侧管上，并将安瓿管整个浸入装有干冰和95%乙醇的预冻槽内（此时槽内温度为－50～－40℃）或放在低温冰箱中（－45～－35℃）进行预冻，可使菌悬液冻结成固体。

（6）冷冻真空干燥　将装有冻结菌悬液的安瓿管置于真空干燥箱中，开动真空泵进行真空干燥。15min内使真空度达到66.7Pa，被冻结菌悬液开始升华，继续抽气，随后真空度逐渐达到26.7～13.3Pa，维持6～8h，干燥后样品呈白色疏松状态。注意使用真空泵时要严密封闭，切勿漏气。

（7）安瓿管封口及保藏　待菌种完全干燥后即从干燥缸内取出安瓿管，先将安瓿管上部棉塞下端处用火焰烧熔并拉成细颈，再将安瓿管接在封口用的抽气装置上，开动真空泵，室温抽气，当真空度达到26.7Pa时继续抽气数分钟，再用火焰在细颈处烧熔封口。置4℃冰箱中或室温下避光保藏。

（8）恢复培养　当须使用菌种时，先用75%乙醇消毒安瓿管外壁，然后将安瓿管上部在火焰上烧热，再滴数滴无菌水于烧热处，使管壁产生裂缝，放置片刻，让空气从裂缝中慢慢地进入管内，然后将裂口端敲断，这样可防止空气因突然开口而冲入管内致使菌粉飞扬。将合适的培养液加入冻干样品中，使干菌粉充分溶解，再用灭菌的长颈滴管吸取菌液至合适培养基中，置最适温度下培养。

（9）实验结果　将恢复培养后的菌种生长情况记录于表1-4中。

表1-4　菌种生长情况记录

菌种名称	接种日期	培养条件		生长情况	存活率
		培养基	培养温度/℃		

（10）注意事项

① 进行真空干燥过程中，安瓿管内的样品应保持冻结状态，这样在抽真空时样品就不会因产生泡沫而外溢。

② 熔封安瓿管时，火焰要调至适中，封口处灼烧要均匀，若火焰过旺，封口处易弯斜，冷却后易出现裂缝，从而造成漏气。

4. 任务评价及考核

（1）完成菌种生长情况记录表的填写。

（2）对冷冻真空干燥保藏的过程、结果进行自评和小组互评。

（3）教师考核各小组操作步骤的准确性。

（4）根据师生评价结果及时改进。

趣味阅读

“糖丸爷爷”顾方舟

一粒糖丸包裹着的口服脊髓灰质炎疫苗，背后是我国著名病毒学家、“糖丸爷爷”顾方舟为消灭脊髓灰质炎无私奉献的感人故事。

1951 年，顾方舟留苏学习病毒学，1957 年回国不久即临危受命开始脊髓灰质炎研究，把毕生精力投入到消灭脊髓灰质炎的战斗中。为了自主研发疫苗，顾方舟团队在昆明建立医学生物学研究所，在Ⅰ期临床试验中，顾方舟冒着瘫痪的危险一口喝下了一小瓶脊髓灰质炎活疫苗，一周后没有出现任何异常。但是脊髓灰质炎多发于 7 岁以下儿童，必须在儿童身上进行试验。找谁的孩子试验？谁又愿意把孩子给顾方舟做试验呢？顾方舟做出了一个惊人的决定：瞒着妻子，给刚满月的儿子服下了脊髓灰质炎活疫苗！1960 年，顾方舟团队终于成功研制出脊髓灰质炎液体活疫苗。

顾方舟对脊髓灰质炎的预防及控制的研究长达 42 年，被称为“中国脊髓灰质炎疫苗”之父。顾方舟胸怀祖国、服务民众的家国精神，勇攀高峰、敢为人先的创新精神，使命担当、无私奉献的精神，是留给我们的宝贵精神财富。

复习思考题

一、单项选择题

1. 使用油镜时在物镜和标本片之间滴加的可以是以下哪种物质？（　　）

A. 液体石蜡　　B. 二甲苯　　C. 香柏油　　D. 酒精

2. （　　）是革兰氏染色操作成败的关键。

A. 涂片　　B. 媒染　　C. 脱色　　D. 复染

3. 革兰氏染色时最好选择处于（　　）的微生物细胞进行染色。

A. 迟缓期　　B. 对数期　　C. 稳定期　　D. 衰亡期

4. 微生物的纯培养可用（　　）方法获得。

A. 平板倾注法　　B. 平板划线法　　C. 单细胞分离法　　D. 以上所有方法

5. 琼脂在培养基中的作用是（　　）。

A. 碳源　　B. 氮源　　C. 凝固剂　　D. 生长调节剂

6. 高压蒸汽灭菌时，温度为（　　）℃，经 15～20min，可杀死锅内物品上的各种微生物或芽孢。

A. 110　　B. 115　　C. 118　　D. 121

7. 革兰氏阳性细菌，在显微镜下观察呈（　　）色。

A. 红色　　B. 紫色　　C. 黄色　　D. 绿色

8. 接种时，(　　) 将培养基划破，(　　) 使接种环接触管壁或管口。

A. 不要，不要　　B. 不要，尽量　　C. 尽量，尽量　　D. 尽量，不要

9. (　　) 简便易行，容易推广，存活率高，故科研和生产上对经常使用的菌种大多采用这种保藏方法。

A. 石蜡油封藏法　B. 沙土管保藏法　C. 麸皮保藏法　D. 斜面低温保藏法

二、判断题

1. 培养酵母菌常用的培养基是麦芽汁培养基，培养霉菌常用的培养基是察氏培养基。(　　)

2. 培养基中营养物质浓度合适时微生物才能生长良好。(　　)

3. 培养基中各营养物质之间的配比也直接影响微生物的生长繁殖和（或）代谢产物的形成和积累。(　　)

4. 各类微生物生长繁殖或产生代谢产物的最适 pH 值各不相同，要想满足不同类型微生物的生长繁殖或代谢的需要就必须控制合适的 pH 值。(　　)

5. 在实验研究中可以选择成分清晰、纯度较高的培养基。但在发酵工业中，应尽量利用廉价且易于获得的原料作为培养基成分。(　　)

三、填空题

1. 培养细菌常用的培养基是__________，培养放线菌常用的培养基是__________。

2. 一般来讲，细菌与放线菌适于在 pH __________范围内生长，酵母菌和霉菌通常在 pH __________范围内生长。

项目二 食品微生物检验样品的采集和制备

项目目标

知识目标：1. 掌握食品微生物检验中常见样品的采集方法。
2. 熟悉微生物检验的基本程序和要求。

技能目标：1. 能理解国家标准中有关采样的规定。
2. 能按标准制订样品采集方案。
3. 能够根据样品的状态及种类正确采集样品。

素质目标：1. 培养诚实守信的职业道德。
2. 培养无菌操作的职业素养。
3. 培养严谨认真、爱岗敬业的职业精神。

链接国家标准

GB 4789.17—2024《食品安全国家标准　食品微生物学检验　肉与肉制品采样和检样处理》

GB 4789.18—2024《食品安全国家标准　食品微生物学检验　乳与乳制品采样和检样处理》

GB 4789.19—2024《食品安全国家标准　食品微生物学检验　蛋与蛋制品采样和检样处理》

GB 4789.20—2024《食品安全国家标准　食品微生物学检验　水产品及其制品采样和检样处理》

任务一　样品的采集

【必备知识】

食品微生物学检验的目的，是要对食品进行微生物卫生评价。这就要求检验人员在求实的精神下，科学地进行被检对象的采样、样品送检、检样处理、检验以及报告。在整个过程中，不得掺杂检验人员的丝毫主观臆想，要有章可依地进行检验和报告。

一、样品采集

采样是一项困难而且需要非常谨慎的操作过程。在食品的检验中所采样品必须有代表性，即所采样品能够代表食品的所有部分。因此，要根据一小份样品的检验结果去说明一大批食品的卫生质量或一起食物中毒的性质，就必须周密考虑，设计出一种科学的采样方法。而采用什么样的采样方案主要取决于检验目的，目的不同，采样方案也不同。目前国内外使用的采样方案多种多样，如一批产品按百分比抽样，采若干个样后混合在一起检验；按食品的危害程度不同抽样等。不管采取何种方案，对抽样代表性的要求是一致的。最好对整批产品的单位包装进行编号，实行随机抽样。

1. 样品种类

样品可分大样、中样、小样三种。大样是指一整批样品；中样是指从样品各部分取得的混合样品，定型包装及散装食品均采样 250g；小样系指分析用的样品，又称为检样，检样一般为 25g。

2. 采样方法

采样必须在无菌操作下进行。采样用具如探子、铲子、匙、采样器、剪子、镊子、开罐器、广口瓶、试管、刀子等必须是灭菌的。

根据样品种类采样。如袋装、瓶装或罐装食品，应采完整的未开封的样品；如果样品很大，则需用无菌采样器采集样品；检样若是冷冻食品，应保持冷冻状态（可放在冰内、冰箱的冰盒内或低温冰箱内保存），而非冷冻食品需在 0～5℃ 中保存。

（1）液体样品的采样　将样品充分混匀，无菌操作开启包装，用 100mL 无菌注射器抽取，放入无菌容器。

（2）半固体样品的采样　无菌操作开启包装，用灭菌勺子从几个部位挖取样品，放入无菌容器。

（3）固体样品的采样　大块整体食品应用无菌刀具和镊子从不同部位取样，应兼顾表面和深度，注意样品代表性；小块大包装食品应从不同部位的小块上切取样品，放入无菌容器。样品是固体粉末，应边取样边混合。

（4）冷冻食品的采样　大包装小块冷冻食品的采样按小块个体采取；大块冷冻食品可以用无菌刀从不同部位削取样品或用无菌小手锯从冻块上锯取样品，也可以用无菌钻头钻取碎样品，放入无菌容器。

注意：固体样品和冷冻食品取样还应注意检验目的，若需检验食品污染情况，可取表层样品；若需检验其品质情况，应再取深部样品。

（5）生产工序监测采样

① 车间用水采样。自来水样品从车间各水龙头上采集冷却水，汤料从车间容器不同

部位用 100mL 无菌注射器抽取。

② 车间台面、用具及加工人员手的卫生监测采样。用板孔 $5cm^2$ 的无菌采样板及 5 支无菌棉签擦拭 $25cm^2$ 面积。若所采表面干燥，则用无菌稀释液湿润棉签后擦拭，若表面有水，则用干棉签擦拭，擦拭后立即将棉签头用无菌剪刀剪入盛样容器。

③ 车间空气采样。将 5 个直径 90mm 的普通营养琼脂平板分别置于车间的四角和中部，打开培养皿盖 5min，然后盖上培养皿盖送检。

(6) 食物中毒微生物检验的取样　当怀疑发生食物中毒时，应及时收集可疑中毒源食品或餐具等，同时收集病人的呕吐物、粪便或血液等。

(7) 人畜共患病病原微生物检验的取样　当怀疑某一动物产品可能带有人畜共患病病原体时，应结合畜禽传染病学的基础知识，选取病原体最集中、最易检出的组织或体液送检验室检验。

3. 采样标签

采样前或后应立即贴上标签，每件样品必须标记清楚，如品名、来源、数量、采样地点、采样人及采样时间（年、月、日）。

二、送检

采样后，在检样送检过程中，要尽可能保持检样原有的物理和微生物状态，不要因送检过程而引起微生物的减少或增多。为此可采取以下措施：

① 无菌方法采样后，装入无菌容器中，装样后尽可能密封，以防止环境中的微生物进一步污染。

② 进行微生物检验的样品，送达实验室要越快越好，一般不应超过 3h。若路途遥远，可将不需冷冻的样品，保持在 1～5℃ 环境中送检，可采用冰桶等装置；若需保持在冷冻状态（如已冻结的样品），则需将样品保存在泡沫塑料隔热箱内，箱内可置干冰，使温度维持在 0℃以下，或采用其他冷藏设备。

③ 送检样品不得加入任何防腐剂。

④ 水产品因含水分较多，体内酶的活力较旺盛，易于变质。因此，采样后应在 3h 内送检，在送检途中一般都应加冰保存。

⑤ 对于某些易死亡病原菌的待检样品，在运送过程中可采用运送培养基。如进行小肠结肠炎耶尔森菌、空肠弯曲菌等菌检验的送检样，可将其插于 Cary- Blair 运送培养基中送检。

检样在送检时除注意上述事项外，还要标注适当的标记并填写微生物检验特殊要求的送检申请单。其内容包括：样品的描述，采样者的姓名，制造者的名称和地址，经营者或供销者，采样的日期、时间和地点，采样时的温度和环境湿度，采样的原因是为了质量的监督或计划监测，还是为了食物传播性疾病的调查。这些内容可以供检验人员参考。

【任务实施】

样品处理

由于食品样品种类多，来源复杂，各类预检样品并不是拿来就能直接检验的，要根据食品种类的不同性状，经过预处理后制备成稀释液才能进行有关的各项检验。样品处理好后，应尽快检验。

1. 材料准备

灭菌吸管、生理盐水、酒精棉球、石炭酸纱布、灭菌开瓶器、碳酸钠、均质杯等。

2. 工作流程

各小组查询和学习 GB 4789.1—2016《食品安全国家标准　食品微生物学检验　总则》中有关样品处理的规定，确定本任务所需用品种类及数量的清单→准备和清点材料→设计任务实施方案→讨论、修改方案→任务实施→反馈改进。

3. 操作步骤

（1）液体样品　指黏度不超过牛乳的非黏性食品，可直接用灭菌吸管准确吸取 25mL 样品加入 225mL 蒸馏水或生理盐水及有关的增菌液中，制成 1∶10 稀释液。吸取前要将样品充分混合，在开瓶、开盖等打开样品容器时，一定要注意表面消毒及无菌操作。用点燃的酒精棉球灼烧瓶口灭菌，用石炭酸纱布盖好，再用灭菌开瓶器将盖打开。含有二氧化碳的液体饮料先倒入灭菌的小瓶中，覆盖灭菌纱布，轻轻摇荡，待气体全部逸出后再进行检验。酸性食品用 100g/L 灭菌的碳酸钠调 pH 至中性后再进行检验。

（2）固体或黏性液体食品　此类样品无法用吸管吸取，可用灭菌容器称取检样 25g，加至 225mL 45℃的灭菌生理盐水或蒸馏水中，摇荡溶解或使用振荡器振荡溶解，尽快检验。从样品稀释到接种培养，一般不超过 15min。

① 固体食品的处理。固体食品的处理相对较复杂，处理方法主要有以下几种：

a. 捣碎均质法。将 100g 或 100g 以上的样品剪碎混匀，从中取 25g 放入带 225mL 无菌稀释液的无菌均质杯中，以 8000～10000r/min 均质 1～2min，这是对大部分食品样品都适用的办法。

b. 剪碎振摇法。将 100g 或 100g 以上的样品剪碎混匀，从中取 25g 进一步剪碎，装入盛有 225mL 无菌稀释液和适量直径为 5mm 左右的玻璃珠的稀释瓶中，盖紧瓶盖，用力快速振摇 50 次，振幅不小于 40cm。

c. 研磨法。将 100g 或 100g 以上的样品剪碎混匀，取 25g 放入无菌乳钵，充分研磨后再放入盛有 225mL 无菌稀释液的瓶中，盖紧瓶盖后，充分摇匀。

d. 整粒振摇法。有完整自然保护膜的颗粒状样品（如蒜瓣、青豆等）可以直接称取 25g 整粒样品置于装有 225mL 稀释液和适量玻璃珠的无菌稀释瓶中，盖紧瓶盖，用力快速振摇 50 次，振幅在 40cm 以上。

② 冷冻样品的处理。冷冻样品在检验前要进行解冻。一般可于0～4℃解冻，时间不超过18h；也可在45℃以下解冻，时间不超过15min。样品解冻后，无菌操作称取检样25g，置于225mL无菌稀释液中，制备成均匀的1∶10混悬液。

③ 粉状或颗粒状样品的处理。用灭菌勺或其他适用工具将样品搅拌均匀后，无菌操作称取检样25g，置于225mL灭菌生理盐水中，充分振摇混匀或使用振荡器混匀，制成1∶10稀释液。

4. 检验与报告

（1）检验　检验样品送到实验室后，立即将样品置于普通冰箱或低温冰箱中，并进行登记、填写实验序号，按检样检验要求，积极准备条件进行检验。样品收集后应于36h内检验。

食品微生物检验按国标规定方法检验，主要检验项目包括菌落总数、大肠菌群和致病菌的检验，其中致病菌的检验包括肠道致病菌检验和致病性球菌检验等。

（2）报告　按检样项目完成各类检验后，检验人员应及时填写检验报告单，签名后送主管人员核实签字，加盖单位印章，以示生效，然后立即交食品卫生监督人员处理。

实验室必须具有专用冰箱存放样品，对于一般阳性样品，在发出报告后3d（特殊情况可适当延长）方可处理样品；进口食品的阳性样品，须保存6个月，才可处理；而对于阴性样品可及时处理。

5. 任务评价及考核

（1）对样品处理过程进行自评和小组互评。

（2）教师考核各小组操作的准确性。

（3）根据师生评价结果及时改进。

【拓展知识】

采样数量

根据不同食品种类，采样数量有所不同，见表2-1。

表2-1　各种样品采样数量

检样种类	采样数量	备注
粮油	粮：按三层五点采样法进行（表、中、下三层）	每增加一万吨，增加一个混样
	油：重点采取表层及底层油	
肉及肉制品	生肉：取屠宰后两腿内侧肌或背最长肌250g	在肉及肉制品不同的部位采样
	脏器：根据检验目的而定	
	光禽：每份样品1只	
	熟肉：酱卤制品、肴肉及肉灌肠、熏煮火腿取250g	
	熟肉干制品：肉松、油酥肉松、肉粉松、肉干、肉脯、肉糜脯、其他熟肉干制品等，取250g	

续表

检样种类	采样数量	备注
乳及乳制品	鲜乳：250mL	每批样品按 1/1000 采样，不足千件者抽 1 件
	干酪：250g	
	消毒灭菌乳：250mL	
	乳粉：250g	
	稀奶油、奶油：250g	
	酸奶：250g（mL）	
	全脂炼乳：250g	
	乳清粉：250g	
蛋品	巴氏消毒全蛋粉、蛋黄粉、蛋白片：每件各采 250g	1 日或 1 班生产的为 1 批，检验沙门氏菌按 5% 抽样，但每批不少于 3 个检样；测菌落总数、大肠菌群，每批按装听过程前、中、后流动取样 3 次，每次取样 100g，每批合为 1 个样品
	巴氏消毒冰全蛋、冰蛋黄、冰蛋白：每件各采 250g	
	皮蛋、糟蛋、咸蛋等：每件各采样 250g	
水产品	鱼、大贝壳类：每个为 1 件，采样不少于 250g	
	小虾蟹类：不少于 250g	
	鱼糜制品：鱼丸、虾丸等取样不少于 250g	
	即食动物性水产干制品：鱼干、鱿鱼干取样不少于 250g	
	腌渍制品：生食动物性水产品、即食藻类食品，每件样品均取 250g	
罐头	可采用下述方法之一： 1. 按杀菌锅抽样 （1）低酸性食品罐头杀菌冷却后抽样 2 罐，3kg 以上大罐头每锅抽样 1 罐 （2）酸性食品罐头每锅抽 1 罐，一般 1 个班的产品组成 1 个检验批，各锅的样罐组成 1 个样批组，每批每个品种取样基数不得少于 3 罐 2. 按生产班（批）次抽样 （1）取样数为 1/6000，罐数超过 2000 者增取 1 罐，每班（批）每个品种不得少于 3 罐 （2）某些产品班（批）产量较大，若以 30000 罐为基数，其取样数按 1/6000；30000 罐以上的按 1/20000；尾数超过 4000 罐者增取 1 罐 （3）个别产品量过小，同品种同规格可合并班次为 1 批取样，但并班总数不超过 5000 罐，每个批次取样不得少于 3 罐	产品如按锅分堆放，在遇到由于杀菌操作不当引起的问题时，也可以按锅处理

续表

检样种类	采样数量	备注
冷冻饮品	冰棍、雪糕：每批不得少于 3 件，每件不得少于 3 支	班产量 20 万支以下者，1 班为 1 批；以上者以工作台为 1 批
	冰淇淋：原装 4 杯为 1 件，散装 250g	
	食用冰块：每件样品取 250g	
饮料	瓶（桶）装饮用纯净水：原装 1 瓶（不少于 250mL）	
	瓶（桶）装饮用水：原装 1 瓶（不少于 250mL）	
	茶饮料、碳酸饮料、低温复原果汁、含乳饮料、乳酸菌饮料、植物蛋白饮料、果蔬汁饮料：原装 1 瓶（不少于 250mL）	
	固体饮料：原装 1 瓶/袋（不少于 250g）	
	可可粉固体饮料：原装 1 瓶/袋（不少于 250g）	
	茶叶：罐装取 1 瓶（不少于 250g），散装取 250g	
调味品	酱油：原装 1 瓶（不少于 250mL）	
	酱：原装 1 瓶（不少于 250mL）	
	食醋：原装 1 瓶（不少于 250mL）	
	袋装调味料：原装 1 瓶（不少于 250g）	
	水产调味品：鱼露、蚝油、虾油、虾酱、蟹酱（蟹糊）等原装 1 瓶（不少于 250g 或 250mL）	
糕点、蜜饯、糖果	糖果、糕点、饼干、面包、巧克力、淀粉糖（液体葡萄糖、麦芽糖饮品、果葡糖浆等）、蜂蜜、胶姆糖、果冻、食糖等每件样品各取 250g（mL）	
酒类	鲜啤酒、熟啤酒、葡萄酒、果酒、黄酒等瓶装 2 瓶为 1 件	
非发酵豆制品及面筋、发酵豆制品	非发酵豆制品及面筋：定型包装取 1 袋（不少于 250g）	
	发酵豆制品：原装 1 瓶（不少于 250g）	
粮谷及果蔬类食品	膨化食品、油炸小食品、早餐谷物、淀粉类食品等：定型包装取 1 袋（不少于 250g），散装取 250g	
	方便面：定型包装取 1 袋/碗（不少于 250g）	
	速冻预包装面米食品：定型包装取 1 袋（不少于 250g），散装取 250g	
	酱腌菜：定型包装取 1 瓶（不少于 250g）	
	干果食品、烘炒食品：定型包装取 1 袋（不少于 250g），散装取 250g	

任务二　常见食品微生物检验样品的制备

【必备知识】

样品的采集和制备是微生物检验工作的第一步，直接影响到检测结果的准确性，是食品微生物检验工作中非常重要的环节。如果所采样品没有代表性或样品保存不当造成被测成分损失或污染，检验结果不仅不能说明问题，还有可能导致错误的结论。这就要求检验人员在求实的精神下，科学地进行被检对象的采样、样品送检、检样处理、检验以及报告。在整个过程中，不得掺杂检验人员的丝毫主观臆想和工作上的半点马虎，要有章可依地进行检验和报告。

【任务实施】

子任务1　肉与肉制品样品的采集与制备

1. 材料准备

（1）采样工具　采样工具应使用不锈钢或其他强度适当的材料，表面光滑，无缝隙，边角圆润。采样工具应清洗和灭菌，使用前保持干燥。采样工具包括托盘、刀具、剪刀、镊子、采样勺（或匙）、凿子、圆盘锯、绞肉器、采样钻、研磨器具、搅拌器具等。

（2）样品容器　样品容器的材料（如玻璃、不锈钢、塑料等）和结构应能充分保证样品的原有状态。容器和盖子应清洁、无菌、干燥。样品容器应有足够的体积，使样品可在检验前充分混匀。样品容器包括采样袋、采样管、采样瓶等。

（3）其他用品　包括酒精灯、温度计、铝箔、封口膜、记号笔、75%酒精棉球、无菌生理盐水、采样信息登记表等。

2. 工作流程

各小组查询和学习《GB 4789.17—2024 食品安全国家标准　食品微生物学检验　肉与肉制品采样和检样处理》中有关规定，确定本任务所需用品种类及数量的清单→准备和清点材料→设计任务实施方案→讨论、修改方案→任务实施→反馈改进。

3. 操作步骤

（1）样品的采取

① 采样原则和采样方案。采样原则和采样方案按 GB 4789.1 的规定执行。采样件数 n 应根据相关食品安全标准要求执行，每件样品的采样量不小于 5 倍检验单位的样品，

或根据检验目的确定。以下规定了一件食品样品的采样要求。

② 预包装肉与肉制品

a. 独立包装小于或等于 1000g 的肉与肉制品，取相同批次的独立包装。

b. 独立包装大于 1000g 的肉与肉制品，可采集独立包装，也可用无菌采样工具从同一包装的不同部位分别采取适量样品，放入同一个无菌采样容器内；独立包装大于 1000mL 的液态肉制品，应在采样前摇动或用无菌棒搅拌液体，使其达到均质后采集适量样品。

③ 散装肉与肉制品或现场制作肉制品。样品混匀后应立即取样，用无菌采样工具从样品的不同部位采集，放入同一个无菌采样容器内作为一件食品样品。如果样品无法进行混匀，应选择更多的不同部位采集样品。

采样信息填入表 2-2 中。

表 2-2　采样信息记录

样品登记号			样品名称	
采集地点			采集数量	
采样时间			被采样单位	
生产日期			批号	
采样现场简述				
有效成分及含量				
检验目的			检验项目	
采样人			采样单位	
检样日期				

（2）检样的处理

① 开启包装。以无菌操作开启包装或放置样品的无菌采样容器。塑料或纸盒（袋）装，用 75%酒精棉球消毒盒盖或袋口，用灭菌剪刀剪开；瓶（桶）装，用 75%酒精棉球或经火焰消毒，无菌操作去掉瓶（桶）盖，瓶（桶）口再次经火焰消毒。

② 处理原则。对于冷冻样品，应在 45℃以下不超过 15min 进行解冻，或 18～27℃不超过 3h，或 2～5℃不超过 18h 解冻（检验方法中有特殊规定的除外）；对于酸度或碱度过高的样品，可添加适量的 1mol/L NaOH 或 HCl 溶液，调节样品稀释液 pH 在 7.0±0.5；对于坚硬、干制的样品，应将样品用无菌剪切破碎或磨碎进行混匀（单次磨碎时间应控制在 1min 以内）；对于脂肪含量超过 20%的产品，可根据脂肪含量加入适当比例的灭菌吐温-80 进行乳化混匀，添加量可按照每 10%的脂肪含量加 1g/L 计算（如脂肪含量为 40%，加 4g/L）。也可将稀释液或增菌液预热至 44～47℃；对于皮层不可食用的样品，对皮层进行消毒后只采取其中的可食用部分；对于盐分较高的样品，不适合使用生理盐水，可根据

情况使用灭菌蒸馏水或蛋白胨水等；对于含有多种原料的样品，应参照各成分在初始产品中所占比例对每个成分进行取样，也可将整件样品均质后进行取样。

③ 固态肉与肉制品。用合适的无菌器具从固态食品的表层和内层的不同部位（尽量避免尖锐的骨头等）进行代表性取样，分别称取 25g 检样，加入盛有相应稀释液或增菌液的均质袋（或杯）中，均质混匀。

注：对于整禽等样品，检样处理应按照相关检验方法标准执行。

④ 液态肉制品。将检样充分混合均匀，称取 25mL 检样，加入盛有 225 mL 灭菌稀释液或增菌液的均质袋（或杯）中，均质混匀。

⑤ 要求进行商业无菌检验的肉制品。按照 GB 4789.26 执行，先将检样进行表面消毒（在沸水内烫 3～5s，或灼烧消毒），再用无菌剪子剪取检样深层肌肉 25g，放入无菌乳钵内用灭菌剪子剪碎后，加灭菌海砂或玻璃砂研磨，磨碎后加入灭菌水 225mL，混匀后即为 1∶10 稀释液。

4. 任务评价及考核

（1）完成采样信息记录表的填写。

（2）对采样过程及方法进行自评和小组互评。

（3）教师考核各小组操作的准确性。

（4）根据师生评价结果及时改进。

子任务 2　乳与乳制品样品的采集与制备

1. 材料准备

（1）采样工具　应使用不锈钢或其他强度适当的材料，表面光滑，无缝隙，边角圆润。采样工具应清洗和灭菌，使用前保持干燥。采样工具包括搅拌器具、采样勺（匙）、切割丝、剪刀、刀具（小刀或抹刀）、采样钻等。

（2）样品容器　样品容器的材料（如玻璃、不锈钢、塑料等）和结构应能充分保证样品的原有状态。容器和盖子应清洁、无菌、干燥。样品容器应有足够的体积，使样品可在检验前充分混匀。样品容器包括采样袋、采样管、采样瓶等。

（3）其他用品　包括酒精灯、温度计、铝箔、封口膜、记号笔、75%酒精棉球、无菌生理盐水、采样信息登记表等。

2. 工作流程

各小组查询和学习《GB 4789.18—2024 食品安全国家标准　食品微生物学检验　乳与乳制品采样和检样处理》中有关规定，确定本任务所需用品种类及数量的清单→准备和清点材料→设计任务实施方案→讨论、修改方案→任务实施→反馈改进。

3. 操作步骤

（1）样品的采集

① 采样原则和采样方案。采样原则和采样方案按 GB 4789.1 的规定执行。

采样件数 n 应根据相关食品安全标准要求执行，每件样品的采样量不小于5倍检验单位的样品，或根据检验目的确定。以下规定了一件食品样品的采样要求。

② 生鲜乳。样品应尽可能充分混匀，混匀后应立即取样，用无菌采样工具分别从相同批次（此处特指单体的贮奶罐或贮奶车）中采集样品。具有分隔区域的贮奶装置，应根据每个分隔区域内贮奶量的不同，按比例从每个分隔区域中采集一定量经混合均匀的代表性样品。不得混合后采样。

③ 液态乳制品（巴氏杀菌乳、高温杀菌乳、调制乳等）。独立包装小于或等于1000g（mL）的液态乳制品，取相同批次的独立包装。独立包装大于1000g（mL）的液态乳制品，取相同批次的独立包装；或摇动、均匀后采样。

④ 半固态乳制品

a. 浓缩乳制品、发酵乳、风味发酵乳。独立包装小于或等于1000g（mL）的产品，取相同批次的独立包装，独立包装大于1000g（mL）的产品，采样前应摇动或使用搅拌器搅拌，使其达到均匀后采样。如果样品无法均匀混合，应从样品容器中的不同部位采取代表性样品。

b. 稀奶油、奶油、无水奶油。独立包装小于或等于1000g（mL）的产品，取相同批次的独立包装。独立包装大于1000g（mL）的产品，采样前应摇动或使用搅拌器搅拌，使其达到均匀后采样。对于固态奶油及其制品，用无菌抹刀除去表层产品，厚度不少于5mm。将洁净、干燥的采样钻沿包装容器切口方向往下，匀速穿入底部。当采样钻到达容器底部时，将采样钻旋转180°，抽出采样钻并将采集的样品转入样品容器。

c. 固态乳制品（干酪、再制干酪、干酪制品、乳粉、调制乳粉、乳清粉和乳清蛋白粉、酪蛋白和酪蛋白酸盐等）。独立包装小于或等于1000g的制品，取相同批次的独立包装。独立包装大于1000g的干酪、再制干酪、干酪制品，根据产品的形状和类型，可分别使用下列方法取样：在距边缘不小于10cm处，把取样器向产品中心斜插到一个平表面，进行一次或几次采样；或将取样器垂直插入一个面，并穿过产品中心到对面采样；或从两个平面之间，将取样器水平插入产品的竖直面，插向产品中心采样；或若产品是装在桶、箱或其他大容器中，或是将产品制成压紧的大块时，将取样器从容器顶斜穿到底进行采样。

独立包装大于1000g的乳粉、调制乳粉、乳清粉和乳清蛋白粉、酪蛋白和酪蛋白酸盐等制品，应将无菌、干燥的采样钻面朝下，沿包装容器切口方向匀速插入。当采样钻到达容器底部时，抽出采样钻并将采集的样品转入样品容器。

采样信息填入采样信息记录表（同表2-2）。

（2）检样的处理

① 开启包装。以无菌操作开启包装或放置样品的无菌采样容器。塑料或纸盒（袋）装，用75%酒精棉球消毒盒盖或袋口，用灭菌剪刀剪开；瓶（桶）装，用75%酒精棉球或经火焰消毒，无菌操作去掉瓶（桶）盖，瓶（桶）口再次经火焰消毒。

② 生鲜乳及液态乳制品。将检样摇匀，取25mL（g）检样，放入装有225mL灭菌稀

释液或增菌液的无菌容器中，振摇均匀，摇匀时尽可能避免泡沫产生。

③ 半固态乳制品。消毒瓶或罐口周围后，用灭菌的开罐器打开瓶或罐，无菌称取 25g 检样，放入装有 225mL 灭菌稀释液或增菌液的无菌容器中，振摇或均质。使用均质袋时，无须预热稀释液，拍击混匀稀释液即可。对于脂肪含量超过 20%的产品，可根据脂肪含量加入适当比例的灭菌吐温-80 进行混匀，添加量可按照每 10%的脂肪含量加 1g/L 计算（如脂肪含量为 40%，加 4g/L)。也可将稀释液或增菌液预热至 44～47℃。

④ 固态乳制品

a. 干酪、再制干酪、干酪制品。以无菌操作打开外包装后，对有涂层的样品削去部分表面封蜡，对无涂层的样品直接经无菌程序用灭菌刀切开干酪用灭菌刀（勺）从表层和深层分别取出有代表性的适量样品，称取 25g 检样，放入装有 225mL 稀释液或增菌液的无菌容器中，选择合适的方式均质后检验。如果预计样品处理后无法获得均匀的悬浊液，可将稀释液或增菌液预热至 44～47℃。

b. 乳粉、调制乳粉、乳清粉和乳清蛋白粉。罐装乳粉或调制乳粉的开罐取样法同③，袋装乳粉或调制乳粉用 75%酒精的棉球涂擦消毒袋口后开封，以无菌操作称取检样 25g，缓慢倒在无菌容器中 225mL 稀释液或增菌液液面上，室温静置溶解后检验。如果溶解不完全，可以轻轻摇动或使用蠕动搅拌机混匀。对于经酸化工艺生产的乳清粉应使用 pH 8.4±0.2 的磷酸氢二钾缓冲液稀释。对于含较高淀粉的特殊配方乳粉，可使用 α-淀粉酶降低溶液黏度，或将稀释液加倍以降低溶液黏度。

注：克罗诺杆菌属检验的检样处理按照 GB 4789.40 执行。

c. 酪蛋白和酪蛋白酸盐。以无菌操作，称取 25g 检样，按照产品不同，分别加入 225mL 无菌稀释液或增菌液。在对黏稠的样品溶液进行梯度稀释时，应在无菌条件下反复多次吹打吸管，尽量将黏附在吸管内壁的样品转移到溶液中。酸法工艺生产的酪蛋白，使用磷酸氢二钾缓冲液并加入消泡剂，在 pH 8.4±0.2 的条件下溶解样品。凝乳酶法工艺生产的酪蛋白，使用磷酸氢二钾缓冲液并加入消泡剂，在 pH 7.5±0.2 的条件下溶解样品，室温静置 15min。必要时在灭菌的匀浆袋中均质 2min，再静置 5min 后检验。酪蛋白酸盐，使用磷酸氢二钾缓冲液在 pH 7.5±0.2 的条件下溶解样品。

4. 任务评价及考核

（1）完成采样信息记录表的填写。

（2）对采样过程及方法进行自评和小组互评。

（3）教师考核各小组操作的准确性。

（4）根据师生评价结果及时改进。

子任务 3　蛋与蛋制品检样的制备

1. 材料准备

（1）采样工具　应使用不锈钢或其他强度适当的材料，表面光滑，无缝隙，边角圆润。采样工具应清洗和灭菌，使用前保持干燥。采样工具包括抽样管或勺、带 25mm×406mm 钻头的电钻（高速）或手摇钻、锤子和钢条（305mm×51mm×6mm）或其他开罐工具、汤匙、斧或凿、长度适宜的谷粒取样器等。

（2）样品容器　样品容器的材料（如玻璃、不锈钢、塑料等）和结构应能充分保证样品的原有状态。容器和盖子应清洁、无菌、干燥。样品容器应有足够的体积，使样品可在检验前充分混匀。样品容器包括采样袋、采样管、采样瓶等。

（3）其他用品　包括酒精灯、温度计、铝箔、封口膜、记号笔、75%酒精棉球、无菌生理盐水、采样信息记录表等。

2. 工作流程

各小组查询和学习《GB 4789.19—2024 食品安全国家标准　食品微生物学检验　蛋与蛋制品采样和检样处理》中有关规定，确定本任务所需用品种类及数量的清单→准备和清点材料→设计任务实施方案→讨论、修改方案→任务实施→反馈改进。

3. 操作步骤

（1）样品的采集

① 采样原则和采样方案。采样原则和采样方案按 GB 4789.1 的规定执行。采样件数 n 应根据相关食品安全标准要求执行，每件样品的采样量不小于 5 倍检验单位的样品，或根据检验目的确定。以下规定了一件食品样品的采样要求。

② 预包装蛋与蛋制品。独立包装小于或等于 1000g（mL）的蛋与蛋制品，取相同批次的独立包装。独立包装大于 1000g 的固态蛋制品，应用无菌采样器从同一包装的不同部位分别采集适量样品；独立包装大于 1000mL 的液态蛋制品，应在采样前摇动或用无菌棒搅拌液体，使其达到均质后采集适量样品。

③ 散装蛋与蛋制品或现场制作蛋制品。用无菌采样工具从 5 个不同部位现场采集样品，放入一个无菌采样容器内作为一件食品样品。

④ 有特殊要求的食品

a. 冰蛋品类。用灭菌斧或凿剥去顶层冰蛋，从容器顶部至底部钻取 3 个样心：第 1 个在中心，第 2 个在中心与边缘之间，第 3 个在容器边缘附近。用灭菌勺将钻屑放在盛样品容器内。

b. 干蛋品类。对于小包装，取整包或数小包作为样品，如系箱装或桶装，用无菌勺或其他灭菌器具，除去上层蛋粉，以灭菌取样器取 3 个或 3 个以上样心，随即用灭菌勺或其他合适的器具，以无菌操作将样心移至盛样器内。

采样信息登记在采样信息登记表（格式同表 2-2）中。

（2）检样的处理

① 开启包装。以无菌操作开启包装或放置样品的无菌采样容器。塑料或纸盒（袋）装，用 75%酒精棉球消毒盒盖或袋口，用灭菌剪刀剪开；瓶（桶）装，用 75%酒精棉球或经火焰消毒，无菌操作去掉瓶（桶）盖，瓶（桶）口再次经火焰消毒。

② 蛋壳/蛋壳淋洗液。选取蛋壳完整的样品，用一定小容量的稀释液或培养基（方法中规定的）淋洗蛋壳 3～5 次，淋洗时要旋转。收集淋洗液，即为待测样品原液。

③ 鲜蛋类（鲜蛋、洁蛋、营养强化蛋等）。去除鲜蛋壳上污物，将鲜蛋在流水下洗净，待干后用 75%酒精棉消毒蛋壳，然后根据检验要求打开蛋壳取出蛋白、蛋黄或全蛋液，放入带有玻璃珠的灭菌瓶内，充分摇匀待检。针对鲜蛋白样品，检验时初始液推荐使用方法为 1∶40 稀释，这样可以稀释蛋白中溶菌酶的抑制作用。

④ 冰蛋制品（冰全蛋、冰蛋黄、冰蛋白）。为了防止蛋样中微生物数量的增加或减少，尽可能地使蛋样在低温下尽快融化，可在 45℃以下不超过 15min，或 18～27℃不超过 3h，或 2～5℃不超过 18h 解冻（检验方法中有特殊规定的除外），频繁地旋转振荡盛样品的容器，有助于冰蛋样融化。也可直接称取样品放入温度为室温的稀释液中，这样也有助于样品的化冻。

⑤ 干蛋制品（全蛋粉、蛋黄粉、蛋白粉、干蛋片等）。称取样品放入带有玻璃珠的灭菌瓶内，按比例加入稀释液充分摇匀待检；检验时蛋白片（粉）样品推荐初始液使用方法为 1∶40 稀释。

⑥ 再制蛋（咸蛋、咸蛋黄、皮蛋、醉蛋、糟蛋、卤蛋、茶叶蛋、煎蛋、煮熟蛋等）。

无菌去除外包装和外壳，取可食部分；如为腌制的蛋品类，初始液可以使用灭菌蒸馏水，避免高浓度盐的影响。

⑦ 要求进行商业无菌检验的蛋与蛋制品。按照 GB 4789.26 执行。

4. 任务评价及考核

（1）完成采样信息记录表的填写。

（2）对采样过程及方法进行自评和小组互评。

（3）教师考核各小组操作的准确性。

（4）根据师生评价结果及时改进。

【拓展知识】

水产品检样的制备

1. 样品的采集

（1）预包装水产品及其制品　独立包装小于或等于 1000g 的固态或半固态水产品及其制品，或小于或等于 1000mL 的液态水产品及其制品，取相同批次的独立包装；独立包装大于 1000g 的固态或半固态水产品及其制品，可采集独立包装，也可用无菌采样工具从同一包装的不同部位分别采取适量样品，放入同一个无菌采样容器内作为一件样品；独立包装大于 1000mL 的液态水产品及其制品，可采集独立包装，也可在采样前摇动或用无菌棒搅拌液体，达到均质后采集适量样品，放入同一个无菌采样容器内作为一件样品。

（2）散装水产品及其制品　大型水产品无法采集个体时，应以无菌操作方式在不少于 5 个不同部位分别采取适量样品放入同一个无菌采样容器内，作为一件食品样品。当对一批水产品进行质量判断时，应采集多个食品样品进行检验。不均匀、多种类混合水产制品，采样时应按照每种成分在初始产品中所占比例对所有成分采样。小型水产品应采集混合样。

2. 检样的处理

(1) 生鲜水产品及其制品

① 鱼类。以检验卫生指示菌为目的时，采取检样的部位为可食用部分。用无菌水将体表冲净（去鳞），再用75%酒精棉球擦净表面或切口，待干后用无菌剪刀剪取可食用部分25g放入含有225mL 0.85% NaCl溶液（海产品宜使用3.5%～4.0% NaCl溶液）中，均质1～2min；以检验致病菌为目的时，采取检样的部位为腮腺、体表、肌肉、胃肠消化道。用无菌水将体表冲净，用无菌剪刀剪取腮腺、体表、肌肉、胃肠消化道等混合样25g放入相应的225mL增菌液中，均质1～2min。

小型鱼类和分割的鱼类，直接剪碎后称取25g样品放入含有225mL 0.85% NaCl溶液（海产品宜使用3.5%～4.0% NaCl溶液）或相应的225mL增菌液中，均质1～2min。

② 虾类。以检验卫生指示菌为目的时，采取检样的部位为腹节内的肌肉。将虾体在无菌水下冲净，摘去头胸节，用灭菌剪子剪除腹节与头胸节连接处的肌肉，然后挤出腹节内的肌肉，称取25g放入含有225mL 0.85% NaCl溶液（海产品宜使用3.5%～4.0% NaCl溶液）中，均质1～2min；以检验致病菌为目的时，采取检样的部位为腹节、腮条。将虾体在无菌水下冲洗，剥去头胸节壳盖，用无菌剪刀剪取腮条，将腹节剪碎，取腮条及剪碎的腹节混合样25g，放入相应的225mL增菌液中，均质1～2min。

小型虾类可不去壳，直接剪碎后称取25g样品放入含有225mL灭菌0.85% NaCl溶液（海产品宜使用3.5%～4.0% NaCl溶液）或相应的225mL增菌液中，均质1～2min。

③ 蟹类。以检验卫生指示菌为目的时，采取检样的部位为胸部肌肉。将蟹体在无菌水下冲洗，剥去壳盖和腹脐，再除去鳃条，复置无菌水下冲净。用75%酒精棉球擦拭前后外壁，置灭菌托盘上待干。然后用灭菌剪刀剪开成左右两片，再用双手将一片蟹体的胸部肌肉挤出（用手指从足跟一端向剪开的一端挤压），称取25g样品放入含有225mL 0.85% NaCl溶液（海产品宜使用3.5%～4.0%NaCl溶液），均质1～2min；以检验致病菌为目的时，采取检样的部位为背部、腹脐、腮条。将蟹体在无菌水下冲洗，剥去壳盖，用无菌剪刀剪取背部、腹脐、腮条混合样25g放入相应的225mL增菌液中，均质1～2min。

小型蟹类可不去壳，直接剪碎后称取25g样品放入含有225mL 0.85% NaCl溶液（海产品宜使用3.5%～4.0%NaCl溶液）或相应的225mL增菌液中，均质1～2min。

(2) 冷冻的水产品及其制品　先进行解冻，冷冻样品应解冻后进行检验，可在45℃以下不超过15min，或18～27℃不超3h或2～5℃不超过18h解冻（检验方法中有特殊规定的除外）。

处理：解冻后的水产品及其制品的检样处理过程参照预包装水产品及其制品。

趣味阅读

中国益生菌产业拓荒人——张和平

他长期扎根西部，从事乳酸菌基础理论和工程技术开发应用研究30多年，在乳酸菌种质资源库和基因组数据库建设、优良菌株智能筛选和制剂产业化工程技术推进等方面做出了积极贡献。他就是长江学者特聘教授、国家“万人计划”科技创新领军人才——张和平教授。

张和平教授从全球六大洲三十个国家，采集自然发酵乳制品等样品近6000份，分离保藏乳酸菌4万多株，建成了全球最大、种类最全的原创性乳酸菌种质资源库，入选首批国家农业微生物种质资源库。在国际上率先启动“乳酸菌万株基因组计划”，完成了11678株乳酸菌基因组解析工作，建成了全球最大的乳酸菌基因组数据库，收录62891条乳酸菌基因组序列，为乳酸菌物种注释、功能解析和深度开发利用提供分析平台；基于人工智能和肠道微生物作用，建立了益生乳酸菌精准筛选技术，解决了发酵乳行业缺乏“芯片”的技术难题，实现了乳酸菌菌种及发酵剂的国产化；攻克乳酸菌制剂产业化工程关键技术，解决了乳酸菌制剂规模化加工的“卡脖子”难题，推动乳业高质高效发展；开发了适于奶牛养殖的乳酸菌制剂和青贮发酵剂，推升奶牛绿色养殖。

复习思考题

一、单项选择题

1. 非冷冻食品需在（　　）℃中保存。

A. －5～0　　B. 0～5　　C. －15　　D. 5～10

2. 颗粒状样品的处理方法错误的是（　　）。

A. 用灭菌勺或其他适用工具将样品搅拌均匀

B. 无菌操作称取检样25g，置于225mL灭菌生理盐水中

C. 充分振摇混匀，制成1∶10稀释液

D. 用灭菌吸管准确吸取25mL样品加入225mL蒸馏水或生理盐水

3. 关于蛋制品采样描述有误的是（　　）。

A. 独立包装小于或等于1000g（mL）的蛋与蛋制品，取相同批次的独立包装

B. 冰蛋需要凿剥去顶层冰蛋，从容器顶部至底部钻取3个样心

C. 散装蛋用无菌采样工具从5个不同部位现场采集样品，放入五个无菌采样容器内作为五件食品样品

D. 采样方案按GB 4789.1的规定执行

二、简答题

1. 请简述鲜奶、酸奶的采样数量以及检样的制备。

2. 如何对生产工序监测采样？

三、案例分析

2023 年 3 月 11 日，某 S 检测中心对某市中山东路 7-11 超市出售的四元牌罐装全脂速溶乳粉进行大肠菌群检测，该乳粉生产日期为 2022 年 12 月 21 日，请按照样品采集要求完成表 2-3、表 2-4 的填写并叙述采样的过程。

表 2-3　采样器材表

样品名称	所需采样工具、容器	用途	数量	注意事项

表 2-4　采样信息记录表

样品登记号		样品名称	
采集地点		采集数量	
采样时间		被采样单位	
生产日期		批号	
采样现场简述			
有效成分及含量			
检验目的		检验项目	
采样人		采样单位	
日期		日期	

项目三
食品菌落总数的测定

项目目标

知识目标：1. 掌握菌落总数的测定方法。
　　　　　2. 熟悉菌落总数检验程序。
　　　　　3. 了解食品中菌落总数测定的意义。

技能目标：1. 能够熟练进行食品中菌落总数的测定。
　　　　　2. 能对检测结果进行分析计算并填写规范的检验报告。

素质目标：1. 树立食品安全的社会责任感。
　　　　　2. 培养严谨细致、精益求精的工匠精神。
　　　　　3. 培养团结协作、爱岗敬业的职业精神。

链接国家标准

GB 4789.2—2022《食品安全国家标准　食品微生物学检验　菌落总数测定》。

衔接职业技能大赛

食品安全与质量检测	
菌落总数测定操作	菌落总数测定结果报告
1. 能严格执行无菌操作制备样品。 2. 能准确对样品进行梯度稀释。 3. 能正确使用吸量管接种培养皿并能倾注培养基。	1. 能准确计数平板菌落数并做好记录。 2. 能选择合适的平板菌落数进行计算。 3. 能出具正确的检测报告。

【必备知识】

一、菌落总数的概念

菌落总数是指样品经过处理，在一定条件下培养后（如培养基、培养温度和时间、pH 等），所得 1mL（g）检样中所含细菌菌落的总数。

将检样经过适当处理（溶解或稀释），在显微镜下对细菌细胞数进行直接计数，这样的结果，既包括活菌数也包括死菌数，因此称细菌总数。但目前我国食品卫生标准中规定的细菌总数，实际上是指菌落总数，也就是前一种方法所得之结果，它比较客观地反映了食品中污染了的存活的细菌总数。

每种细菌都有一定的生理特性，培养时只有分别满足不同的培养条件（如培养温度、培养时间、pH、需氧性质等），才能将各种细菌培养出来。但在实际工作中，细菌菌落总数的测定一般都只用一种常见方法，即平板活菌计数法。因而并不能测出每 1g 或 1mL 中的实际总活菌数，如厌氧菌、微嗜氧菌和嗜冷菌在此条件下不能生长，有特殊营养要求的一些细菌也受到了限制，因此所得结果只能反映一群在普通营养琼脂中发育的、嗜热的、需氧和兼性厌氧的细菌菌落的总数。此外，菌落总数并不能区分细菌的种类，所以有时被称为杂菌数或需氧菌数等。

食品检样中的细菌细胞是以单个、成双、链状、葡萄状或成堆的形式存在的，因而在平板上出现的菌落可以来源于细胞块，也可以来源于单个细胞，因此平板上所得需氧和兼性厌氧菌落的数字不应报告为活菌数，而应以单位质量、容积或表面积内的菌落或菌落形成单位数报告。

二、菌落总数的单位

菌落形成单位（colony forming unit，CFU）是指细菌在固体培养基上生长繁殖而形成的能被肉眼识别的生长物，它是由数以万计相同的细菌集合而成的。每个能够生长繁殖的细菌细胞都可以在平板上形成一个可见的菌落。菌落总数测定往往采用的平板计数法，经过培养后可以数出平板上长出的菌落个数，从而可计算出每毫升或每克待检样品中可以培养出多少个菌落，以 CFU/mL 或 CFU/g 报告。

三、菌落总数测定的意义

菌落总数主要作为判定食品被污染程度的标志，也可以应用这一方法观察细菌在食品中繁殖的动态，以便为被检样品进行安全性评价提供依据。另外，菌落总数可用来预测食品可存放的期限，即保质期。从食品卫生观点来看，食品中菌落总数越多，说明食品质量越差，病原菌污染的可能性就越大，货架期就越短。因此，菌落总数是判断食品卫生质量的重要依据之一。但是菌落总数并不代表样品中的所有细菌总数，因有些细菌不生长（如嗜冷菌和嗜热菌），测定的菌落总数比实际值要低。菌落总数的多少在一定程度上标志着食品卫生质量的优劣。

菌落总数测定

【任务实施】

食品中菌落总数的测定

1. 材料准备

（1）仪器和材料　恒温培养箱［(36±1)℃，(30±1)℃］、冰箱（2～5℃）、恒温装置［(48±2)℃］、天平（感量为0.1g）、均质器、振荡器、无菌吸管（1mL、10mL或微量移液器及吸头）、无菌锥形瓶（250mL、500mL）、无菌培养皿（直径90mm）、pH计（或pH比色管或精密pH试纸）、放大镜或菌落计数器。

（2）培养基和试剂　平板计数琼脂培养基、无菌磷酸盐缓冲溶液、无菌生理盐水、1mol/L氢氧化钠、1mol/L盐酸。

（3）检测程序　如图3-1所示。

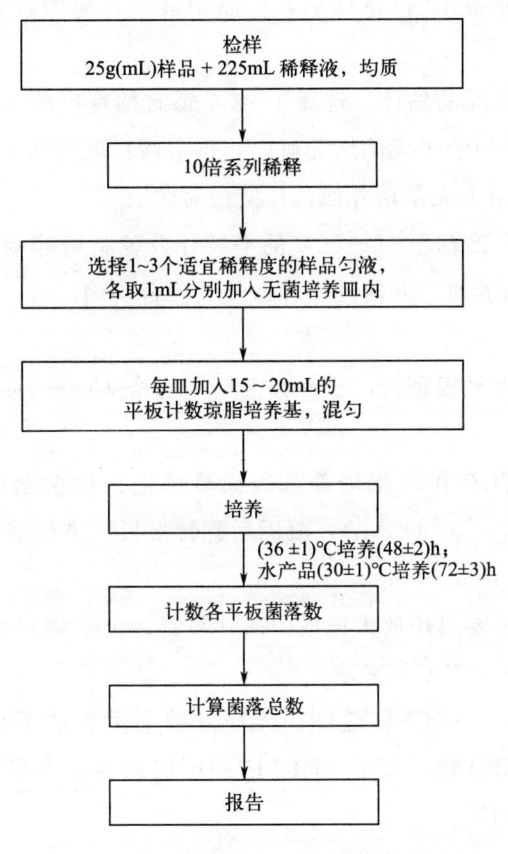

图3-1　菌落总数的检验程序

2. 工作流程

各小组查询和学习GB 4789.2—2022《食品安全国家标准　食品微生物学检验　菌落

总数测定》中有关规定，确定本任务所需用品种类及数量的清单→准备和清点材料→设计任务实施方案→讨论、修改方案→任务实施→反馈改进。

3. 操作步骤

（1）样品稀释

① 固体和半固体样品。称取 25g 预处理样品置于盛有 225mL 无菌磷酸盐缓冲稀释液或无菌生理盐水的无菌均质杯内，以 8000～10000r/min 均质 1～2min，制成 1∶10 的样品匀液。

② 液体样品。以无菌吸管吸取 25mL 样品置于盛有 225mL 无菌磷酸盐缓冲液或无菌生理盐水的无菌锥形瓶（瓶内预置适当数量的无菌玻璃珠）中，充分混匀，制成 1∶10 的样品匀液。

③ 用 1mL 无菌吸管或微量移液器吸取 1∶10 样品匀液 1mL，沿管壁缓慢注于盛有 9mL 稀释液的无菌试管中（注意吸管或吸头尖端不要触及稀释液面），振摇试管或换用 1 支无菌吸管反复吹打使其混合均匀，制成 1∶100 的样品匀液。

④ 按③操作程序，制备 10 倍系列稀释样品匀液。每递增稀释一次，换用 1 次 1mL 无菌吸管或吸头。

⑤ 根据对样品污染状况的估计，选择 1～3 个适宜稀释度的样品匀液（液体样品可包括原液），吸取 1mL 样品匀液于无菌培养皿内，每个稀释度做两个培养皿。同时，分别吸取 1mL 空白稀释液加入两个无菌培养皿内作空白对照。

⑥ 及时将 15～20mL 冷却至 46～50℃的平板计数琼脂培养基［可放置于（48±2）℃恒温装置中保温］倾注培养皿，并转动培养皿使其混合均匀。

（2）培养

① 待琼脂凝固后，将平板翻转，于（36±1）℃培养（48±2）h。水产品于（30±1）℃培养（72±3）h。

② 如果样品中可能含有在琼脂培养基表面蔓延生长的菌落时，可在凝固后的琼脂表面覆盖一薄层琼脂培养基（约 4mL），凝固后翻转平板，进行培养。

（3）菌落计数

① 可用肉眼观察，必要时用放大镜或菌落计数器，记录稀释倍数和相应的菌落数量。菌落计数以菌落形成单位（CFU）表示。

② 选取菌落数在 30～300CFU 之间、无蔓延菌落生长的平板计数菌落总数。低于 30CFU 的平板记录具体菌落数，大于 300CFU 的可记录为多不可计。每个稀释度的菌落数应采用两个平板的平均值。

③ 其中一个平板有较大片状菌落生长时，则不宜采用，而应以无较大片状菌落生长的平板作为该稀释度的菌落数；若片状菌落不到平板的一半，而其余一半中菌落分布又很均匀，即可计算半个平板后乘以 2，代表一个平板菌落数。

④ 当平板上出现菌落间无明显界线的链状生长时，则将每条单链作为一个菌落计数。

（4）结果与报告

① 菌落总数的计算

a. 若只有一个稀释度平板上的菌落数在适宜计数范围内，则计算两个平板菌落数的平均值，再将平均值乘以相应的稀释倍数，作为1g（mL）样品中的菌落总数结果，示例见表3-1中示例1。

b. 若有两个连续稀释度的平板菌落数在适宜计算范围内时，按下列公式计算，示例见表3-1中示例2。

$$N=\frac{\sum C}{(n_1+0.1n_2)d}$$

式中 N——样品中菌落数；

$\sum C$——平板（含适宜范围菌落数的平板）菌落数之和；

n_1——第一稀释度（低稀释倍数）平板个数；

n_2——第二稀释度（高稀释倍数）平板个数；

d——稀释因子（第一稀释度）。

【例】已知第一稀释度为1∶100，菌落数为232CFU、244CFU；第二稀释度为1∶1000，菌落数为33CFU、35CFU，则该样品的菌落总数为：

$$N=\frac{\sum C}{(n_1+0.1n_2)d}$$

$$=\frac{232+244+33+35}{[2+(0.1\times 2)]\times 10^{-2}}=\frac{544}{0.022}=24727$$

将24727按要求修约后，表示为25000或2.5×10^4。

c. 若所有稀释度的平板上菌落数均大于300CFU，则对稀释度最高的平板进行计数，其他平板可记录为多不可计，结果按平均菌落数乘以最高稀释倍数计算，示例见表3-1中示例3。

d. 若所有稀释度的平板菌落数均小于30CFU，则应按稀释度最低的平均菌落数乘以稀释倍数计算，示例见表3-1中示例4。

e. 若所有稀释度（包括液样样品原液）平板均无菌落生长，则以小于1乘以最低稀释倍数计算，示例见表3-1中示例5。

f. 若所有稀释度的平板菌落数均不在30～300CFU之间，其中一部分大于300CFU或小于30CFU时，则以最接近30CFU或300CFU的平均菌落数乘以稀释倍数计算，示例见表3-1中示例6。

表3-1　计算菌落总数方法举例

例次	不同稀释度下菌落数			菌落总数/(CFU/mL)	报告方式/(CFU/mL)
	10^{-1}	10^{-2}	10^{-3}		
示例1	多不可计，多不可计	124，138	11，14	13100	13000或1.3×10^4
示例2	—	232，244	33，35	24727	25000或2.5×10^4

续表

例次	不同稀释度下菌落数			菌落总数/(CFU/mL)	报告方式/(CFU/mL)
	10^{-1}	10^{-2}	10^{-3}		
示例 3	多不可计，多不可计	多不可计，多不可计	442，420	431000	430000 或 4.3×10^{5}
示例 4	14，15	1，0	0，0	145	150 或 1.5×10^{2}
示例 5	0，0	0，0	0，0	<10	<10
示例 6	312，306	14，19	2，4	3090	3100 或 3.1×10^{3}

② 菌落总数的报告

a. 菌落总数在 100CFU 以内时，按“四舍五入”原则修约，以整数报告。

b. 菌落总数大于或等于 100CFU 时，第 3 位数字采用“四舍五入”原则修约后，取前 2 位数字，后面用 0 代替位数；也可用 10 的指数形式来表示，按“四舍五入”原则修约后，采用两位有效数字。

c. 若空白对照上有菌落生长，则此次检验结果无效。

d. 称重取样以 CFU/g 为单位报告，体积取样以 CFU/mL 为单位报告。

将检验结果记录于表 3-2 中。

表 3-2　菌落总数原始结果记录

样品名称			仪器名称及编号				检验日期	
室温/℃			湿度/%				培养日期	
样品编号	执行标准	标准要求称样量/g	试验数据				结果/g	结论
						空白		

（5）注意事项

① 检验中所有玻璃器皿，如培养基、吸管、试管等必须是完全灭菌的，并应在灭菌前彻底洗涤干净，不得残留有抑菌物质。

② 用作样品稀释的液体，每批都要有空白对照。如果在琼脂对照平板上出现几个菌

落时，要追加对照平板以判断是空白稀释液、培养基，还是培养皿、吸管或空气可能存在污染。营养琼脂底部带有沉淀的部分应弃去。

③ 检样的稀释液可用灭菌生理盐水或蒸馏水。如果对含盐量较高的食品（如酱品类）进行稀释，则宜采用蒸馏水。

④ 注意每递增稀释一次，必须另换一支1mL灭菌吸管，这样所得检样的稀释倍数方为准确。吸管在进出装有稀释液的玻璃瓶和试管时，不要触及瓶口及试管口的外侧部分，因为这些部分都可能接触过手或其他污物。

⑤ 在做10倍递增稀释时，吸管插入检样稀释液内不能低于液面2.5cm；吸入液体时，应先高于吸管刻度，然后提起吸管尖端离开液面，将尖端贴于玻璃瓶或试管的内壁把吸管内液体调至所要求的刻度，这样取样较准确，而且在吸管从稀释液内取出时不会有多余的液体黏附于管壁外。当用吸管将检样稀释液加至另一装有9mL空白稀释液的管内时，应小心沿管壁加入，不要触及管内稀释液，以防吸管尖端外侧部分黏附的检液也混入其中。

⑥ 为了防止细菌增殖及产生片状菌落，在检液加入培养皿后，立即使其混合均匀。混合时，可将皿底在平面上先前后左右摇动，然后再按顺时针和逆时针方向旋转，以使充分混匀。混合过程中应小心，不要使混合物溅到皿边的上方。

⑦ 皿内琼脂凝固后，在数分钟内即应将培养皿翻转，进行培养，这样可避免菌落蔓延生长。

4. 任务评价及考核

（1）完成菌落总数测定原始记录表的填写。

（2）对菌落总数的测定结果及报告进行自评和小组互评。

（3）教师考核各小组操作的准确性。

（4）根据师生评价结果及时改进。

【拓展知识】

其他菌落总数测定

1. 嗜冷菌的测定

采样后应尽快地进行冷藏、检验。用无菌吸管吸取冷检样液0.1mL或1mL于表面已十分干燥的胰蛋白水解物——大豆琼脂（TS琼脂）或CTV琼脂平板上，然后用无菌L形玻璃棒涂布开来，放置片刻。然后放入培养箱，于30℃培养3d，观察并计数菌落。

2. 嗜热菌（芽孢）计数

将检样25g加入到盛有225mL无菌水的锥形瓶中，迅速煮沸5min以杀死细菌营养体及耐热性低的芽孢，然后将锥形瓶浸入冷水中冷却。

（1）平酸菌计数　在5个无菌培养皿中各注入2mL煮沸冷却已处理过的样品，用葡萄糖-胰蛋白琼脂倾注平板，凝固后在50～55℃培养48～72h，计算平板上菌落的平均数。

平酸菌在平板上的菌落为圆形，直径2～5mm，具不透明的中心及黄色晕，晕很狭。

产酸弱的细菌，其细菌周围不存在或不易观察到黄色晕。平板从培养箱内取出后应立即进行计数，因为黄色会很快消退。如在48h后不易辨别是否产酸，则可培养72h。

(2) 不产生硫化氢的嗜热性厌氧菌检验　将已处理的样品加入等量新制备的去氧肝汤(总量为20mL)于试管中，以2%无菌琼脂封顶，先加热到50～55℃培养72h。当有气体生成(琼脂塞破裂，气味似干酪)时，可以认为有嗜热性厌氧菌存在。

(3) 产生硫化氢的嗜热性厌氧菌计数　将已处理的样品加入到已熔化的亚硫酸盐琼脂试管中，共6份。将试管浸入冷水中，培养基固化后，加热到50～55℃，然后在55℃培养48h。能产生硫化氢的细菌会在亚硫酸盐琼脂试管内形成特征性的黑小片(因为硫化氢转化为硫化铁等硫化物)。计算黑小片数目。某些嗜热菌不生成硫化氢，但代之以生成还原性氢，可使全部培养基变黑色。

3. 厌氧菌计数

将检样稀释液1mL注入已熔化并晾至45～50℃的硫乙醇钠琼脂管内，摇匀，倾注平板。冷凝后，在其上再叠一层3%无菌琼脂，凝固后，在37℃培养96h，观察并计数菌落。

趣味阅读

微藻处理废水技术

随着化石能源的耗竭以及温室效应的日益显著，寻找更为节能和环境友好的污水处理工艺变得更为迫切。传统的废水处理通过硝化和反硝化作用，把废水中的污染物转化成无害的化合物。虽然处理废水中的碳、氮和磷效率很高，但是需要补充能量，营养物质也会损失。传统的废水处理过程非常复杂，过程控制难度大，还会造成温室气体排放。

利用微藻进行废水处理，既能降低能耗，又能促进氮磷等营养物质的循环利用。与传统废水处理工艺相比，用微藻处理废水具有成本较低，回收的微藻可以转化为沼气、生物燃料、肥料、动物饲料等高价值产品等优点。

微藻具有光合效率高、繁殖速率快、环境适应性强等多种优点。另外，微藻还可以将废水中的营养物质转化为生物质，实现废水资源化利用，并且可通过固定空气中的二氧化碳来减轻温室效应，符合目前减碳政策的需求。许多研究表明微藻废水处理技术对城市废水、农业废水和工业废水具有较高的净化效率，从废水中回收的微藻生物质可以用作生产高附加值产品的原料，如生物能源、生物肥料和动物饲料等。由于微藻技术集合了废水治理、二氧化碳减排和资源化利用等多重作用，所以其被认为在“循环经济”的发展模式中扮演了重要角色，为“双碳”目标和资源回收提供新的方向。

复习思考题

一、单项选择题

1. 检测食品中的菌落总数时，用到的培养基是（　　）。

A. 牛肉膏蛋白胨培养基　　B. 平板计数琼脂培养基

C. 马铃薯葡萄糖琼脂培养基　　D. 麦芽汁琼脂培养基

2. 食品中菌落总数的检测，菌落计数时适宜的计数范围为（　　）。

A. 15～150CFU　　B. 10～200CFU

C. 30～300CFU　　D. 20～200CFU

3. 固体培养基在倾注平板前通常需要在（　　）的水浴锅中保温。

A. 46℃　　B. 55℃　　C. 80℃　　D. 35℃

4. 菌落总数检测时，培养条件一般是（　　），水产品除外。

A. (36±1)℃，(48±2) h　　B. (28±1)℃，(48±2)h

C. (30±1)℃，(72±3) h　　D. (36±1)℃，(72±2)h

二、填空题

1. 微生物检验时，样品稀释液常用__________或__________。

2. 对食品进行菌落总数检验，取样时通常固体或半固体样品称取__________，液体样品量取__________。

3. 食品中菌落总数检验依据的国标是__________。

4. 菌落计数单位通常以__________表示。

三、简答题

1. 菌落总数测定的卫生学意义是什么？

2. 请写出菌落总数检测程序。

3. 平板菌落计数的原则有哪些？

4. 食品中检出的菌落总数是否代表该食品中的所有细菌数？为什么？

四、案例分析

GB 19301—2010《食品安全国家标准　生乳》中规定，生鲜乳菌落总数≤2.0×10^6CFU/mL。现检测某生鲜乳样菌落总数结果如下：

第一稀释度（10^{-2}）的菌落数为多不可计，第二稀释度（10^{-3}）菌落数为208CFU和215CFU；第三稀释度（10^{-4}）菌落数为20CFU和23CFU。

试分析该生鲜乳的菌落总数是否符合要求。

项目四 食品中大肠菌群的测定

项目目标

知识目标：1. 掌握大肠菌群的测定方法。
2. 熟悉大肠菌群检验程序。
3. 了解食品中大肠菌群测定的意义。

技能目标：1. 能够熟练进行食品中大肠菌群的测定。
2. 能对检测结果进行分析计算并规范填写检验报告。

素质目标：1. 提高学生食品安全意识，增强社会参与感与社会责任感。
2. 培养学生遵守职业道德、忠于职守、实事求是的工作作风。
3. 培养学生科学严谨的工作态度和诚实守信的职业道德。

链接国家标准

GB 4789.3—2016《食品安全国家标准　食品微生物学检验　大肠菌群计数》。

任务一　大肠菌群的测定——MPN 计数法

【必备知识】

一、大肠菌群的概念

大肠菌群是指一群在 37℃ 培养 48h 能分解乳糖产酸产气，需氧及兼性厌氧的革兰氏阴性无芽孢杆菌。一般认为该菌群细菌包括大肠埃希菌、柠檬酸杆菌、产气克雷伯菌和阴沟肠杆菌。

二、大肠菌群的测定意义

1892年，沙尔丁格（Schardinger）首先提出大肠杆菌作为水源中病原菌污染的指标菌的意见，因为大肠杆菌是存在于人和动物的肠道内的常见细菌。1年后，赛乌博耳德·斯密斯（Theobold Smith）指出，大肠杆菌因普遍存在于肠道内，若在肠道以外的环境中发现，就可以认为这是由于人或动物的粪便污染造成的。从此，就开始应用大肠杆菌作为水源中粪便污染的指标菌。

赛乌博耳德·斯密斯研究发现，成人粪便中的大肠菌群的含量为：10^8～10^9个/g。若水中或食品中发现有大肠菌群，即可证实已被粪便污染，有粪便污染也就有可能有肠道病原菌存在。大肠菌群数的高低，表明了粪便污染的程度，也反映了对人体健康危害性的大小。粪便是人类肠道排泄物，其中有健康人粪便，也有肠道病患者或带菌者的粪便，所以粪便内除一般正常细菌外，同时也会有一些肠道致病菌存在（如沙门氏菌、志贺氏菌等），因而食品中有粪便污染，则可以推测该食品中存在着肠道致病菌污染的可能性，潜伏着食物中毒和流行病的威胁，必须看作对人体健康具有潜在的危险性。

三、大肠菌群测定的基本原理

大肠菌群MPN法（第一法）就是根据大肠菌群在一定培养条件下能发酵乳糖、产酸产气的特性而进行检测的方法。MPN法是基于泊松分布的一种间接计数方法，MPN法是统计学和微生物学结合的一种定量检测法。待测样品经系列稀释并培养后，根据其未生长的最低稀释度与生长的最高稀释度，应用统计学概率论推算出待测样品中大肠菌群的最大可能数。

大肠菌群平板计数法（第二法）是利用大肠菌群在固体培养基中发酵乳糖产酸，在指示剂的作用下形成可计数的红色或紫色、带有或不带有沉淀环的菌落特性，对待测样品进行菌落计数的方法。

食品中的大肠菌群是以1mL（g）检样内大肠菌群最可能数（most probable number，MPN）表示的。

【任务实施】

大肠菌群的测定——MPN计数法（第一法）

大肠菌群计数

一、材料准备

1. 仪器和材料

恒温培养箱［(36±1)℃］、冰箱（2～5℃）、天平（感量为0.1g）、均质器、振荡器、无菌吸管（1mL、10mL或微量移液器及吸头）、无菌锥形瓶（250mL、500mL）、pH计（或pH比色管或精密pH试纸）。

2. 培养基和试剂

月桂基硫酸盐胰蛋白胨（lauryl sulfate tryptose，LST）肉汤、煌绿乳糖胆盐（brilliant green lactose bile，BGLB）肉汤、无菌磷酸盐缓冲液、无菌生理盐水、1mol/L NaOH、1mol/L HCl。

3. 检测程序

如图 4-1 所示。

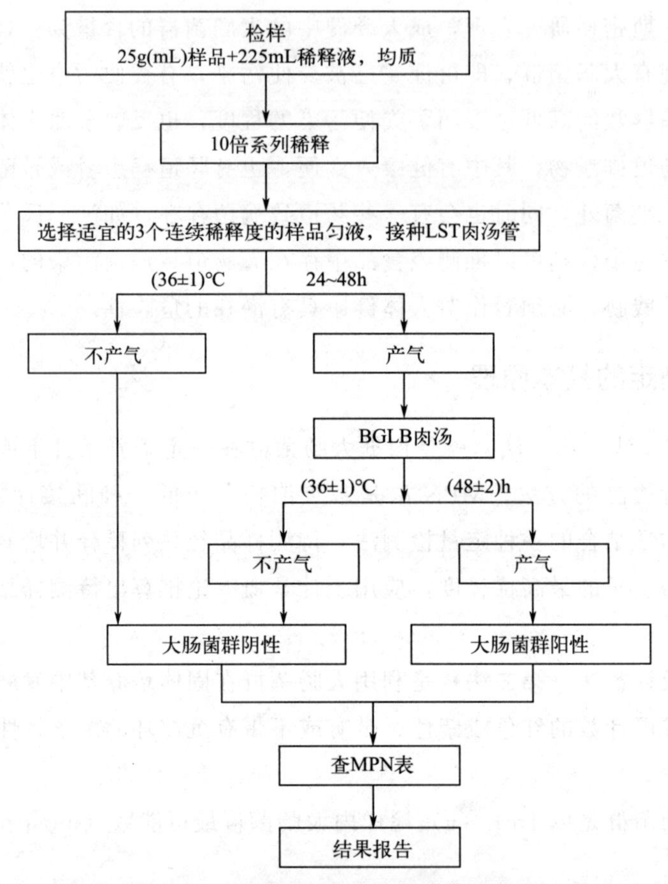

图 4-1　大肠菌群 MPN 计数法检验程序

二、工作流程

各小组查询和学习 GB 4789.3—2016《食品安全国家标准　食品微生物学检验　大肠菌群计数》中有关第一法的规定，确定本任务所需用品种类及数量的清单→准备和清点材料→设计任务实施方案→讨论、修改方案→任务实施→反馈改进。

三、操作步骤

1. 样品稀释

（1）固体和半固体样品。称取 25g 样品，放入盛有 225mL 磷酸盐缓冲液或生理盐水的无菌均质杯内，以 8000～10000r/min 均质 1～2min，或放入盛有 225mL 磷酸盐缓冲液或生理盐水的无菌均质袋中，用拍击式均质器拍打 1～2min，制成 1∶10 的样品匀液。

（2）液体样品。以无菌吸管吸取 25mL 样品置于盛有 225mL 磷酸盐缓冲液或生理盐水的无菌锥形瓶（瓶内预置适当数量的无菌玻璃珠）或其他无菌容器中充分振摇或置于机械振荡器中振摇，充分混匀，制成 1∶10 的样品匀液。

（3）样品匀液的 pH 值应在 6.5～7.5 之间，必要时分别用 1mol/L NaOH 或 1mol/L HCl 调节。

（4）用 1mL 无菌吸管或微量移液器吸取 1∶10 样品匀液 1mL，沿管壁缓缓注入盛有 9mL 磷酸盐缓冲液或生理盐水的无菌试管中（注意吸管或吸头尖端不要触及稀释液面），振摇试管或换用 1 支 1mL 无菌吸管反复吹打，使其混合均匀，制成 1∶100 的样品匀液。

（5）根据对样品污染状况的估计，按上述操作，依次制成 10 倍递增系列稀释样品匀液。每递增稀释 1 次，换用 1 支 1mL 无菌吸管或吸头。从制备样品匀液至样品接种完毕，全过程不得超过 15min。

2. 初发酵试验

每个样品，选择 3 个适宜的连续稀释度的样品匀液（液体样品可以选择原液），每个稀释度接种 3 管月桂基硫酸盐胰蛋白胨（LST）肉汤，每管接种 1mL（如接种量超过 1mL，则用双料 LST 肉汤），于（36±1)℃ 培养（24±2)h，观察倒管内是否有气泡产生，(24±2)h 产气者进行复发酵试验（证实试验），如未产气则继续培养至（48±2)h，产气者进行复发酵试验。未产气者为大肠菌群阴性。

3. 复发酵试验（证实试验）

用接种环从产气的 LST 肉汤管中分别取培养物 1 环，移种于煌绿乳糖胆盐肉汤（BGLB）管中，于（36±1)℃培养（48±2)h，观察产气情况。产气者，计为大肠菌群阳性管。

4. 大肠菌群最可能数（MPN）的报告

根据大肠菌群 BGLB 阳性管数，检索 MPN 表（表 4-1），报告 1g（mL）样品中大肠菌群的 MPN 值。

表 4-1　大肠菌群最可能数（MPN）检索表

阳性管数			MPN	95%可信限		阳性管数			MPN	95%可信限	
0.10	0.01	0.001		下限	上限	0.10	0.01	0.001		下限	上限
0	0	0	<3.0	—	9.5	0	2	0	6.2	1.2	18
0	0	1	3.0	0.15	9.6	0	3	0	9.4	3.6	38
0	1	0	3.0	0.15	11	1	0	0	3.6	0.17	18
0	1	1	6.1	1.2	18	1	0	1	7.2	1.3	18

续表

阳性管数			MPN	95%可信限		阳性管数			MPN	95%可信限	
0.10	0.01	0.001		下限	上限	0.10	0.01	0.001		下限	上限
1	0	2	11	3.6	38	2	3	1	36	8.7	94
1	1	0	7.4	1.3	20	3	0	0	23	4.6	94
1	1	1	11	3.6	38	3	0	1	38	8.7	110
1	2	0	11	3.6	42	3	0	2	64	17	180
1	2	1	15	4.5	42	3	1	0	43	9	180
1	3	0	16	4.5	42	3	1	1	75	17	200
2	0	0	9.2	1.4	38	3	1	2	120	37	420
2	0	1	14	3.6	42	3	1	3	160	40	420
2	0	2	20	4.5	42	3	2	0	93	18	420
2	1	0	15	3.7	42	3	2	1	150	37	420
2	1	1	20	4.5	42	3	2	2	210	40	430
2	1	2	27	8.7	94	3	2	3	290	90	1000
2	2	0	21	4.5	42	3	3	0	240	42	1000
2	2	1	28	8.7	94	3	3	1	460	90	2000
2	2	2	35	8.7	94	3	3	2	1100	180	4100
2	3	0	29	8.7	94	3	3	3	>1100	420	—

注：1. 本表采用3个稀释度［0.1g（mL）、0.01g（mL）、0.001g（mL）］，每个稀释度接种3个管。

2. 表内所列检样量如改用1g（mL）、0.1g（mL）和0.01g（mL）时，表内数字应相应降低为原来的1/10；如改用0.01g（mL）、0.001g（mL）、0.0001g（mL）时，则表内数字应相应增高10倍，其余类推。

5. 结果记录

将实验结果记录于表4-2。

表4-2　大肠菌群原始结果记录

样品编号	初发酵试验				复发酵或证实试验				检验结果
	1mL（g）×3	0.1mL（g）×3	0.01mL（g）×3	0.001mL（g）×3	1mL（g）×3	0.1mL（g）×3	0.01mL（g）×3	0.001mL（g）×3	大肠菌群MPN/mL（g）

注：用“＋”表示阳性结果，“－”表示阴性结果。

6. 培养基主要成分及其作用

（1）月桂基磺酸盐胰蛋白胨（LST） 月桂基磺酸钠能抑制革兰氏阳性菌的生长，同时比胆盐的选择性和稳定性好，由于胆盐与酸产生沉淀，沉淀有时候会使对产气情况的观察变得困难。

乳糖是大肠杆菌群可利用发酵的糖类，有利于大肠菌群的生长繁殖并有助于鉴别大肠菌群和肠道致病菌；胰蛋白胨提供基本的营养成分；LST 肉汤是国际上通用的培养基，与乳糖胆盐肉汤的作用和意义相同，但具有更多的优越性。

（2）煌绿乳糖胆盐肉汤（BGLB） 胆盐可抑制革兰氏阳性菌；煌绿是抑菌抗腐剂，可增强对革兰氏阳性菌的抑制作用。发酵试验判断原则：产气为阳性，由于配方里有胆盐，胆盐遇到大肠菌群分解乳糖所产生的酸形成胆酸沉淀，培养基可由原来的绿色变为黄色，同时可看到管底通常有沉淀。

7. 注意事项

（1）初发酵产气量 在 LST 初发酵试验中，经常可以看到在发酵管内存在有极小的气泡（有时比小米粒还小），类似这样的情况能否算产气阳性，这是许多食品检验工作者经常遇到的问题。一般来说，产气量与大肠菌群检出率呈正相关，但随样品种类而有不同，有小于米粒的气泡，亦有阳性检出。

有时套内虽无气体，但由于特殊情况，也可导致小导管产气现象不明显：

①如叉烧类肉制品因为不能完全溶解于水，即使经过稀释后，发酵管内仍有肉眼可见的悬浮物，这些沉淀沉于管底，将堵住发酵导管的管口，从而影响气体进入导管中。

②如牛奶等蛋白质含量较高的食品初发酵时大肠菌群产酸后 pH 下降，蛋白质达等电点后沉淀，堵住导管口，不利于气体进入导管。但在液面及管壁却可以看到缓缓上浮的小气泡。所以对未产气的发酵管如有疑问时，可以用手轻轻打动试管，如有气泡沿壁上浮，即应考虑可能有气体产生，而应做进一步观察。

（2）MPN 检索表 当试验结果在 MPN 表中无法查找到 MPN 值时，如阳性管数为 122、123、232、233 等时，建议增加稀释度（可做 4～5 个稀释度），使样品的最高稀释度能达到获得阴性终点，然后再遵循相关的规则进行查找，最终确定 MPN 值。

对样品大肠菌群检测时，应根据食品卫生标准要求或检样污染情况的估计，选择 3 个稀释度，检样稀释度选择恰当与否，直接关系到检测结果的可靠性。

四、任务评价及考核

（1）完成大肠菌群测定原始记录表的填写。

（2）对大肠菌群的测定结果及报告进行自评和小组互评。

（3）教师考核各小组操作的准确性。

（4）根据师生评价结果及时改进。

任务二　大肠菌群的测定——平板计数法

【必备知识】

一、大肠菌群、粪大肠菌群、大肠杆菌的从属关系

大肠菌群并非细菌学分类命名，而是卫生细菌领域的用语，它不代表某一个或某一属细菌，而指的是具有某些特性的一组与粪便污染有关的细菌，这些细菌在生化及血清学方面并非完全一致。

粪大肠菌群，即耐热大肠菌群。作为一种卫生指标菌，耐热大肠菌群中很可能含有粪源微生物，因此耐热大肠菌群的存在表明可能受到了粪便污染，可能存在大肠杆菌。但是，耐热大肠菌群的存在并不代表对人有什么直接的危害。

大肠杆菌是人和温血动物肠道内普遍存在的细菌，是粪便中的主要菌种。一般生活在人的大肠中，虽不致病，但它侵入人体一些部位时，可引起感染。致病性大肠杆菌能引起食物中毒。致病性菌株能侵入肠黏膜上皮细胞，具有痢疾杆菌样致病力，如肠致病性大肠杆菌（EPEC）、产肠毒素大肠杆菌（ETEC）和肠侵袭性大肠杆菌（EIEC）等。

二、大肠菌群平板计数法测定的基本原理

大肠菌群平板计数法（第二法）是利用大肠菌群在固体培养基中发酵乳糖产酸，在指示剂的作用下形成可计数的红色或紫色、带有或不带有沉淀环的菌落特性，对待测样品进行菌落计数的方法。第二法适用于大肠菌群含量较高的食品中大肠菌群的计数。

三、两种检测方法优劣对比

大肠菌群 MPN 法（第一法）检测灵敏度高，准确性更强，检测操作过程相对比较简便，对人员操作技能要求相对较低；缺点是耗时长，需要 72～96h。大肠菌群平板计数法（第二法）耗时短，需要 48～72h；缺点是相对第一法的灵敏度要略低，检测操作步骤多，操作比较烦琐，对平板典型菌落的判定和计数需要较高的认知能力，对检测人员技能要求高，检测成本高。

【任务实施】

大肠菌群的测定——平板计数法（第二法）

一、材料准备

1. 仪器和材料

恒温培养箱［(36±1)℃］、冰箱（2～5℃）、恒温装置［(46±1)℃］、天平（感量为0.1g）、均质器、振荡器、无菌吸管（1mL、10mL或微量移液器及吸头）、无菌锥形瓶（250mL、500mL）、无菌试管、无菌培养皿（直径90mm）、pH计（或pH比色管或精密pH试纸）、放大镜或菌落计数器。

2. 培养基和试剂

结晶紫中性红胆盐琼脂（VRBA）、煌绿乳糖胆盐（BGLB）肉汤、无菌磷酸盐缓冲溶液、1mol/L NaOH、1mol/L HCl。

3. 检测程序

如图4-2所示。

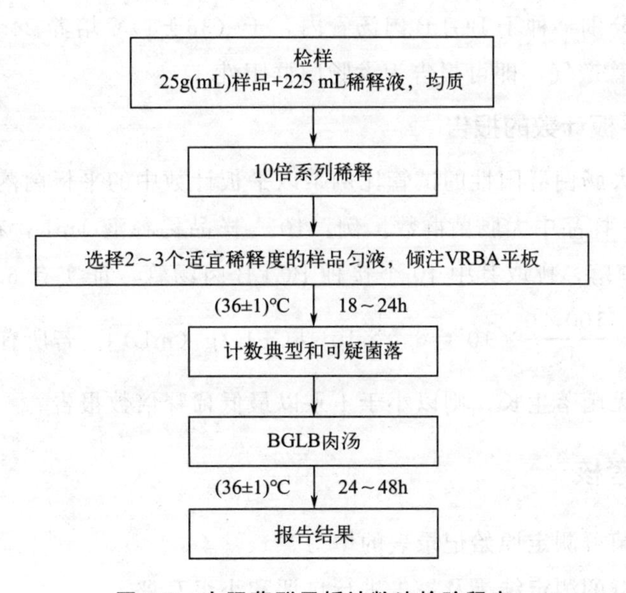

图4-2　大肠菌群平板计数法检验程序

二、工作流程

各小组查询和学习GB 4789.3—2016《食品安全国家标准　食品微生物学检验　大肠菌群计数》中有关第二法的规定，确定本任务所需用品种类及数量的清单→准备和清点材料→设计任务实施方案→讨论、修改方案→任务实施→反馈改进。

三、操作步骤

1. 样品稀释

操作按本项目任务一中的相关内容进行。

2. 平板计数

（1）选取2～3个适宜的连续稀释度，每个稀释度接种2个无菌培养皿，每皿1mL。同时取1mL生理盐水加入无菌培养皿作空白对照。

（2）及时将15～20mL融化并恒温至46℃的结晶紫中性红胆盐琼脂（VRBA）倾注于每个培养皿中。小心旋转培养皿，将培养基与样液充分混匀，待琼脂凝固后，再加3～4mL VRBA覆盖平板表层。翻转平板，置于（36±1)℃培养18～24h。

3. 平板菌落数的选择

选取菌落数在15～150CFU之间的平板，分别计数平板上出现的典型和可疑大肠菌群菌落（如菌落直径较典型菌落小）。典型菌落为紫红色，菌落周围有红色的胆盐沉淀环，菌落直径为0.5mm或更大，最低稀释度平板低于15CFU的记录具体菌落数。

4. 证实试验

从VRBA平板上挑取10个不同类型的典型和可疑菌落，少于10个菌落的挑取全部典型和可疑菌落。分别移种于BGLB肉汤管内，于（36±1)℃培养24～48h，观察产气情况。凡BGLB肉汤管产气，即可报告为大肠菌群阳性。

5. 大肠菌群平板计数的报告

经最后证实为大肠菌群阳性的试管比例乘以平板计数中的平板菌落数，再乘以稀释倍数，即为1g（mL）样品中大肠菌群数。例：10^{-4}样品稀释液1mL，在VRBA平板上有100个典型和可疑菌落，挑取其中10个接种BGLB肉汤管，证实有6个阳性管，则该样品的大肠菌群数为：$\frac{100\times6}{10}\times10^4=6.0\times10^5$［CFU/g（mL)］。若所有稀释度（包括液体样品原液）平板均无菌落生长，则以小于1乘以最低稀释倍数报告。

四、任务评价及考核

（1）完成大肠菌群测定原始记录表的填写。

（2）对大肠菌群的测定结果及报告进行自评和小组互评。

（3）教师考核各小组操作的准确性。

（4）根据师生评价结果及时改进。

【拓展知识】

大肠菌群检验中常用的抑菌剂

抑菌剂的主要作用是抑制其他杂菌，特别是革兰氏阳性菌的生长，主要有胆盐、十二烷基硫酸钠、洗衣粉、煌绿、龙胆紫、孔雀绿等。国家标准中乳糖胆盐发酵管利用胆盐作为抑菌剂，行业标准中月桂基硫酸盐胰蛋白胨（LST）肉汤利用十二烷基硫酸钠作为抑菌剂，煌绿乳糖胆盐（BGLB）肉汤利用煌绿和胆盐作为抑菌剂。抑菌剂虽可抑制样品中的一些杂菌，且有利于大肠菌群细菌的生长和挑选，但对大肠菌群中的某些菌株有时也产生一些抑制作用。有些抑菌剂用量甚微，称量时稍有误差，即可对抑菌作用产生影响，因此抑菌剂的添加应严格按照标准方法进行。

趣味阅读

大肠杆菌新能源应用

随着经济社会的迅猛发展，人类社会对能源需求量持续增长，而化石燃料是用于工业生产的最有效资源之一，但化石能源在开发利用过程中会产生大量的有毒气体。而能源短缺、环境污染，包括温室效应引起的全球变暖，最终会危及人类的生命健康。由此，开发利用清洁可再生能源已变得迫在眉睫。氢能，作为一种清洁、可持续、可再生的能源载体，被广泛应用于未来能源系统，是世界能源转型的一个重大战略方向。

目前，制氢的方法主要是化学制氢，以煤炭、石油、天然气等重整制氢为主，这种制氢技术不仅效率低，而且还会加剧温室效应。生物制氢因其高效、绿色、低成本受到了越来越多的关注和重视，并且极具发展潜力。生物制氢主要有光发酵制氢（也称光合细菌制氢或光生物制氢）和厌氧发酵制氢等，厌氧发酵制氢因其不需要光照，可连续产氢而优于光发酵制氢，厌氧发酵制氢的菌源中对肠杆菌属和梭状菌属研究得较多。在生物制氢领域具有广泛的应用前景。大肠杆菌是外源基因表达宿主，具有培养条件和技术操作简单、遗传背景清楚和大规模发酵经济等优点，人类对大肠杆菌的代谢已研究得很透彻，已在生理和遗传水平上得到最广泛的表征。与其他微生物相比较，它的代谢途径更易改造，因此大肠杆菌被广泛应用于研究生物制氢，大肠杆菌产氢被认为是一种低能耗、无污染、可持续发展的技术。

复习思考题

一、单项选择题

1. 大肠菌群平板计数法检验时使用的培养基是（　　）。

A. LB　　B. PCA　　C. VRBA　　D. BGLB

2. 乳糖发酵试验通常在（　　）检测中应用。

A. 乳酸菌　　B. 酵母菌　　C. 细菌总数　　D. 大肠菌群

二、多项选择题

1. 我国食品安全国家标准中的微生物限量指标一般有（　　）三项。

A. 菌落总数　　B. 大肠菌群　　C. 大肠杆菌　　D. 致病菌

2. 测定食品中大肠菌群的方法有（　　）。

A. 平板计数法　　B. 稀释涂布法

C. 显微镜直接镜检计数法　　D. MPN 计数法

3. 大肠菌群 MPN 计数法中用到的培养基有（　　）。

A. 煌绿乳糖胆盐肉汤　　B. 结晶紫中性红胆盐琼脂

C. 月桂基硫酸盐胰蛋白胨肉汤　　D. 平板计数培养基

三、填空题

1. 食品中大肠菌群的检验依据的国家标准是________。

2. 大肠菌群是指一群在 37℃ 培养 48h 能分解________产酸产气，需氧及兼性厌氧的革兰氏________无芽孢杆菌。

3. 大肠菌群初发酵试验中将合适梯度稀释液接种在________培养基中进行培养，培养温度为________，时间为________。

四、简答题

1. 大肠菌群的定义是什么？食品中大肠菌群检验的意义是什么？

2. 请写出大肠菌群检测程序（第一法）。

3. 在大肠菌群检测第一法中如何确定是否进行复发酵试验？复发酵试验如何操作？

4. 如何确定大肠菌群平板计数法中典型菌落形态？在计数时如何进行报告？

项目五
食品中霉菌和酵母的检验

项目目标

知识目标：1. 掌握霉菌和酵母计数的检验方法。
2. 熟悉霉菌和酵母计数的检验程序。
3. 了解霉菌和酵母检验的重要意义。

技能目标：1. 能够熟练进行食品中霉菌和酵母的检验。
2. 能够对检验结果进行分析计算并规范填写检验报告。

素质目标：1. 具备规范操作、认真记录的工作习惯。
2. 具备独立分析问题、解决问题的能力。
3. 具备严谨认真、实事求是的职业素养。

链接国家标准

GB 4789.15—2016《食品安全国家标准　食品微生物学检验　霉菌和酵母计数》。

任务一　霉菌和酵母的检验

【必备知识】

一、霉菌和酵母的认识

霉菌是形成分枝菌丝的真菌的统称，不是分类学的名词，在分类上属于真菌门的各个亚门。构成霉菌的基本单位称为菌丝，呈长管状。大量菌丝交织成绒毛状、絮状或网状等，称为菌丝体。菌丝体常呈白色、褐色、灰色，或呈鲜艳的颜色（菌落为白色毛状的是毛霉，绿色的为青霉，黄色的为黄曲霉），有的可产生色素使基质着色。霉菌繁殖迅速，常造成食品、用具大量霉腐变质，但许多有益种类已被广泛应用，是人类实践活动中最早利用和认识的一类微生物。

酵母是一些单细胞真菌，并非系统演化分类的单元，是子囊菌、担子菌等几科单细胞真菌的通称，可用于酿造生产，有的为致病菌，是遗传工程和细胞周期研究的模式生物。酵母是人类文明史中被应用得最早的微生物，可在缺氧环境中生存。目前，已知的有1000多种酵母，根据酵母产生孢子（子囊孢子和担孢子）的能力，可将酵母分成两类：形成孢子的株系属于子囊菌和担子菌；不形成孢子但主要通过出芽生殖来繁殖的称为不完全真菌，或者叫“假酵母”（类酵母）。目前已知极少部分酵母被分类到子囊菌门。酵母菌在自然界分布广泛，主要生长在偏酸性且潮湿的含糖环境中，在酿酒中也十分重要。

霉菌和酵母广泛分布于自然界并可作为食品中正常菌相的一部分。和细菌相比，由于它们生长缓慢和竞争能力不强，常常在不适于细菌生长的食品中出现，这些食品包括pH值低、湿度低、含盐和含糖高、低温贮藏、含有抗生素等的食品。由于霉菌和酵母能抵抗热、冷冻，以及抗生素和辐照等贮藏技术，所以它们能转换某些不利于细菌的物质，而促进致病细菌的生长。有些霉菌能够合成有毒代谢产物——霉菌毒素。

二、霉菌和酵母检验的意义

霉菌和酵母计数是指食品检样经过处理，在一定条件下培养后，所得1g或1mL检样中所含霉菌和酵母菌落数（粮食样品是指1g粮食表面的霉菌总数）。长期以来人们利用某些霉菌和酵母菌加工一些食品，如干酪、酒、酱等，但也可以造成食品腐败变质，使食品失去色、香、味等。如酵母在新鲜的和加工的食品中繁殖，可使食品发出难闻的异味，它还可以使液体发生浑浊，产生气泡，形成薄膜，改变食品颜色及散发不正常的气味等。霉菌和酵母菌数主要作为判定食品被霉菌和酵母污染程度的标志，以便对被检样品进行卫生学评价提供依据。因此，以霉菌和酵母计数来指示食品被污染的程度，在食品卫生学上具有重要的意义。

【任务实施】

霉菌和酵母的检验——平板计数法（第一法）

一、材料准备

1. 设备和材料

培养箱［（28±1)℃］、拍击式均质器及均质袋、电子天平（感量0.1g）、旋涡混合器、恒温水浴箱［（46±1)℃］、显微镜（10～100倍）、折光仪。

无菌锥形瓶（容量500mL）、无菌吸管1mL（具0.01mL刻度）、无菌吸管10mL（具0.1mL刻度）、无菌试管（18mm×180mm）、无菌培养皿（直径90mm）、微量移液器及枪头（1.0mL）、郝氏计测玻片（具有标准计测室的特制玻片）、盖玻片、测微器（具标准刻度的玻片）。

2. 培养基和试剂

（1）培养基　马铃薯葡萄糖琼脂、孟加拉红琼脂。

（2）试剂　生理盐水、磷酸盐缓冲液。

3. 检测程序

霉菌和酵母平板计数法的检验程序见图 5-1。

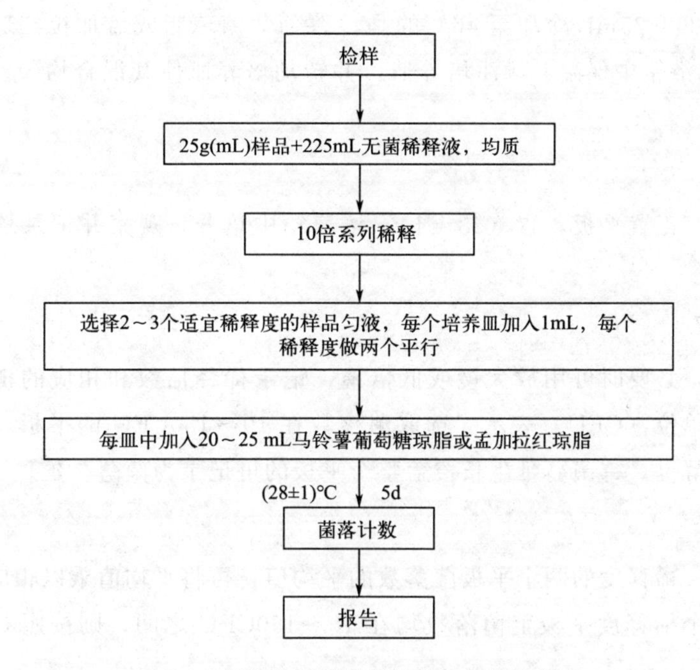

图 5-1　霉菌和酵母平板计数法的检验程序

二、工作流程

各小组查询和学习 GB 4789.15—2016《食品安全国家标准　食品微生物学检验　霉菌和酵母计数》中有关第一法的规定，确定本任务所需用品种类及数量的清单→准备和清点材料→设计任务实施方案→讨论、修改方案→任务实施→反馈改进。

三、操作步骤

1. 样品的稀释

（1）固体和半固体样品　称取 25g 样品，加入 225mL 无菌稀释液（生理盐水或磷酸盐缓冲液），充分振摇，或用拍击式均质器拍打 1～2min，制成 1：10 的样品匀液。

（2）液体样品　以无菌吸管吸取 25mL 样品至盛有 225mL 无菌稀释液的无菌锥形瓶内（可在瓶内预置适当数量的无菌玻璃珠）或无菌均质袋中，充分振摇或用拍击式均质器拍打 1～2min，制成 1∶10 的样品匀液。

(3) 取 1mL 1∶10 样品匀液注入含有 9mL 无菌稀释液的试管中，另换一支 1mL 无菌吸管反复吹吸，或在旋涡混合器上混匀，此液为 1∶100 的样品匀液。

(4) 按 (3) 操作，制备 10 倍递增系列稀释样品匀液。每递增稀释一次，换用 1 支 1mL 无菌吸管。

(5) 根据对样品污染状况的估计，选择 2～3 个适宜稀释度的样品匀液（液体样品可包括原液)，在进行 10 倍递增稀释的同时，每个稀释度分别吸取 1mL 样品匀液于 2 个无菌培养皿内。同时分别取 1mL 无菌稀释液加入 2 个无菌培养皿作空白对照。

(6) 及时将 20～25mL 冷却至 46℃的马铃薯葡萄糖琼脂或孟加拉红琼脂 [可放置于 (46±1)℃恒温水浴箱中保温] 倾注培养皿，并转动培养皿使其混合均匀。置水平台面待培养基完全凝固。

2. 培养

琼脂凝固后，正置平板，置 (28±1)℃培养箱中培养，观察并记录培养至第 5 天的结果。

3. 菌落计数

用肉眼观察，必要时可用放大镜或低倍镜，记录稀释倍数和相应的霉菌和酵母菌落数。以菌落形成单位 (CFU) 表示。选取菌落数在 10～150CFU 的平板，根据菌落形态分别计数霉菌和酵母。霉菌蔓延生长覆盖整个平板的可记录为菌落蔓延。

4. 计数方法

(1) 计算同一稀释度的两个平板菌落数的平均值，再将平均值乘以相应稀释倍数。

(2) 若有两个稀释度平板上菌落数均在 10～150CFU 之间，则按照 GB 4789.2 的相应规定进行计算。

(3) 若所有平板上菌落数均大于 150CFU，则对稀释度最高的平板进行计数，其他平板可记录为多不可计，结果按平均菌落数乘以最高稀释倍数计算。

(4) 若所有平板上菌落数均小于 10CFU，则应按稀释度最低的平均菌落数乘以稀释倍数计算。

(5) 若所有稀释度 (包括液体样品原液) 平板均无菌落生长，则以小于 1 乘以最低稀释倍数计算。

(6) 若所有稀释度的平板菌落数均不在 10～150CFU 之间，其中一部分小于 10CFU 或大于 150CFU 时，则以最接近 10CFU 或 150CFU 的平均菌落数乘以稀释倍数计算。

5. 结果报告

(1) 菌落数按"四舍五入"原则修约。菌落数在 10 以内时，采用一位有效数字报告；菌落数在 10～100 之间时，采用两位有效数字报告。

(2) 菌落数大于或等于 100 时，第 3 位数字采用"四舍五入"原则修约后，取前 2 位数字，后面用 0 代替位数来表示结果；也可用 10 的指数形式来表示，此时也按"四舍五入”原则修约，采用两位有效数字。

（3）若空白对照平板上有菌落出现，则此次检测结果无效。

（4）称重取样以 CFU/g 为单位报告，体积取样以 CFU/mL 为单位报告，报告或分别报告霉菌和/或酵母数。

6. 注意事项

（1）充分打散稀释液使霉菌孢子充分散开。

（2）及时观察，同时第三日不生长时要继续培养到 5d。

（3）实验过程中防止霉菌孢子污染实验室。尽量保持实验室安静，减少空气流动。实验时手脚要快，动作宜轻，培养过程中观察平板时，动作稍重，生长快速的霉菌孢子就会在培养基内扩散，导致二次污染，结果使读数异常。特别是翻转平板进行培养，观察时再回转，特别容易导致孢子飞散。

四、实验报告

将检验结果记录在表 5-1 中。

表 5-1　霉菌和酵母计数检验原始数据记录报告单

<table>
<tr><td>送检单位</td><td colspan="4"></td><td>生产单位</td><td colspan="2"></td></tr>
<tr><td>样品名称</td><td></td><td colspan="2">生产日期</td><td></td><td>检验日期</td><td colspan="2"></td></tr>
<tr><td>检验项目</td><td colspan="4"></td><td>检验依据</td><td colspan="2"></td></tr>
<tr><td colspan="8">检验结果</td></tr>
<tr><td colspan="5">霉菌</td><td colspan="3">酵母</td></tr>
<tr><td>培养基</td><td colspan="7"></td></tr>
<tr><td>接种量</td><td colspan="2">1</td><td colspan="2">2</td><td colspan="2">1</td><td>2</td></tr>
<tr><td>1.0</td><td colspan="2"></td><td colspan="2"></td><td colspan="2"></td><td></td></tr>
<tr><td>0.1</td><td colspan="2"></td><td colspan="2"></td><td colspan="2"></td><td></td></tr>
<tr><td>0.01</td><td colspan="2"></td><td colspan="2"></td><td colspan="2"></td><td></td></tr>
<tr><td>0.001</td><td colspan="2"></td><td colspan="2"></td><td colspan="2"></td><td></td></tr>
<tr><td>0.0001</td><td colspan="2"></td><td colspan="2"></td><td colspan="2"></td><td></td></tr>
<tr><td>0.00001</td><td colspan="2"></td><td colspan="2"></td><td colspan="2"></td><td></td></tr>
<tr><td>空白对照</td><td colspan="2"></td><td colspan="2"></td><td colspan="2"></td><td></td></tr>
<tr><td>结果报告</td><td colspan="7"></td></tr>
<tr><td>检验员</td><td colspan="4"></td><td>复核</td><td colspan="2"></td></tr>
<tr><td>备注</td><td colspan="7"></td></tr>
</table>

五、任务评价及考核

（1）完成霉菌和酵母计数检验原始记录表的填写。

（2）对霉菌和酵母检验结果及报告进行自评和小组互评。

（3）教师考核各小组操作的准确性。

（4）根据师生评价结果及时改进。

请依据考核标准（表 5-2）进行考核，考核结果及时发布。

表 5-2　霉菌和酵母计数检验考核标准

评分点	评分细则	评分标准	分值	得分	备注
样品稀释	准备工作	用酒精棉球擦手，待手干后，点酒精灯；所用到容器能正确做记号	5		
	移液管使用	正确打开移液管包装；正确握持；正确读数；放液时移液管尖端不触及液面	5		
	试管使用	试管握持正确；试管开塞后、盖塞前管口过火灭菌	5		
	稀释样品	梯度稀释顺序正确；稀释时混合均匀；每增加一个稀释倍数时更换移液管；稀释到适宜稀释度时，稀释和接种结合操作；时间控制在 20min 内；台面保持清洁	20		
倾注培养基	选择稀释度	根据样品污染程度选取 2～3 个适宜稀释度的样品匀液	20		
	倾注培养基	培养基不能触及培养皿口边沿；混合均匀；台面保持清洁	20		
	空白对照	无菌	5		
	培养	正确设置培养温度及时间	5		
菌落计数	计数及计算	能正确判断菌落并准确计数，得到准确数据	5		
	报告结果	能规范准确书写报告	5		
收尾工作	物品整理归位	台面干净整洁；物品归位；消杀适宜	5		
合计					
考核教师签名		考核日期			

任务二　霉菌的检验

【必备知识】

加工中若原料处理不当，产品中就会有霉菌残留。因此，利用霍华德霉菌计数法（即郝氏计测片计数法），可通过在一个标准计数玻片上计数含有霉菌菌丝的显微视野，知道产品中霉菌残留的多少，从而可对产品质量进行评定，具有一定的参考价值。本方法适用于各种加工的水果和蔬菜制品，如番茄酱、果酱和果汁等。霉菌可以作为一种指示菌，表明加工制品的原料有霉菌所致的腐烂存在。产品中霉菌数的多少可以反映原料的新鲜度、生产车间的卫生状况、生产过程中是否有变质发生等，因此控制原料的新鲜度以降低产品中霉菌含量是非常必要的。

【任务实施】

霉菌的检验——直接镜检计数法（第二法）

一、材料准备

所用设备和材料具体包括：烧杯、玻璃棒、折光仪或糖度计、显微镜、霍华德计测装置（一种特制的、具有标准计测室的装置，包括载玻片、盖玻片和测微计）、量筒、托盘天平等。

计测装置结构如图 5-2、图 5-3 所示。

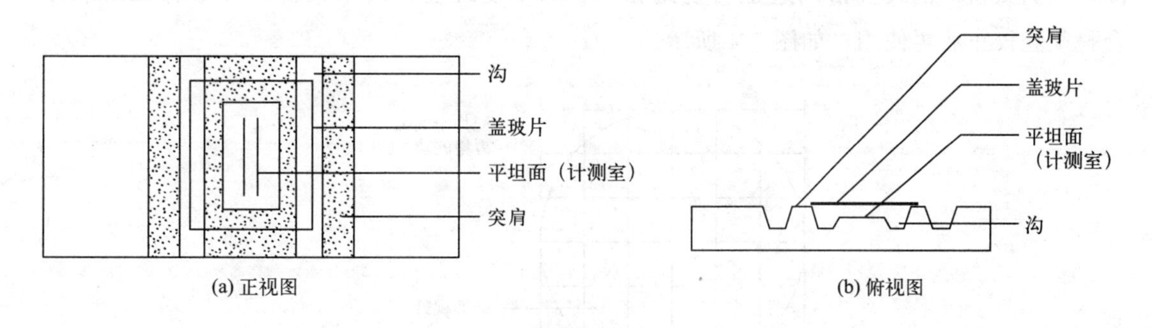

图 5-2　载玻片

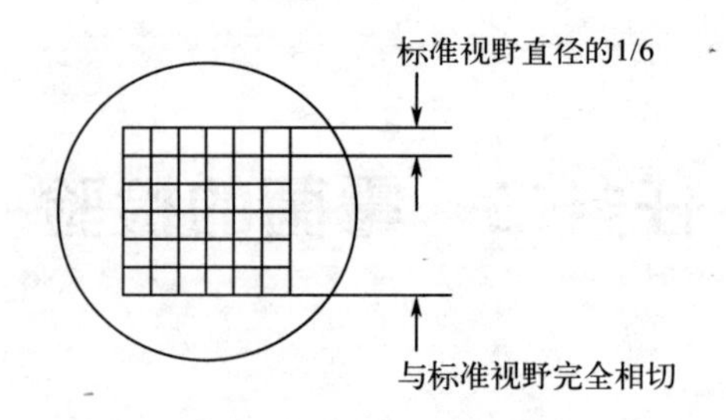

图 5-3 测微计（配片）

二、工作流程

各小组查询和学习 GB 4789.15—2016《食品安全国家标准　食品微生物学检验　霉菌和酵母计数》中有关第二法的规定，确定本任务所需用品种类及数量的清单→准备和清点材料→设计任务实施方案→讨论、修改方案→任务实施→反馈改进。

检测步骤如下：取样→称样→稀释→调节视野→涂片→观察→记录→计算。

三、操作步骤

1. 检样制备

取适量检样，加蒸馏水稀释至折光指数为 1.3447～1.3460（即浓度为 7.9%～8.8%）的标准样液。用糖度计或折光仪测定折光指数或浓度，如果折光指数过大或过小，须加水或样品，直至配成标准样液，才能进行检验。

2. 标准视野的调节

霍华德霉菌计测用的显微镜，要求物镜放大倍数为 90～125 倍，其视野直径的实际长度为 1.382mm，则该视野为标准视野。需注意以下方面。

（1）查标准视野。将载玻片放在载物台上，配片置于目镜的光栏孔上，然后观察。

（2）标准视野要具备两个条件：载玻片上相距 1.382mm 的两条平行线与视野相切；配片（测微器）的大方格四边也与视野相切。如果发现上述两个条件，其中有一条不符合，须经校正后再使用，如图 5-4 所示。

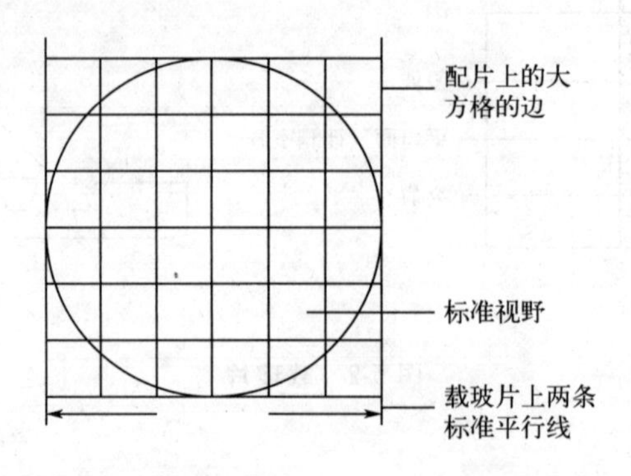

图 5-4 标准视野状态下两条标准平行线及配片大方格与视野外切的相互位置

3. 涂片

（1）检查玻片　首先用擦镜纸或绸布沾酒精将载玻片和盖玻片擦净。检查是否擦干净，可将盖玻片置于载玻片的两条突肩上观察盖玻片与载玻片突肩的接触处是否产生牛顿环。如果没有产生牛顿环，表明没有擦净，必须重新擦，直至产生牛顿环，方可使用。

（2）加样　用滴管或玻璃棒取一大滴混合均匀的样液，均匀地涂布于载玻片中央的平坦面上，盖上盖玻片（盖玻片可直接盖上去，也可以从突肩边沿处吻合切入）。如果发现样液涂布不均匀，有气泡，或样液流入沟内又从盖玻片与突肩处流出，盖玻片与载玻片的突肩处不产生牛顿环等，应弃去不用，重新制作。

4. 观察结果

（1）观察视野数及分布　对一般样品，每个涂片均检查 50 个视野（每一个样品至少测 25 个视野，才能代表样品的各个部分。如果检查结果阳性视野低于 30%，则检查 25 个视野即可；如果在 30%～40%之间，须检查 50 个视野；如果在 40%～50%之间，须检查 100 个视野；如果在 50%以上或超过更多，则要继续检查，直至检查 25 个视野的结果与一系列计算结果无差异为止）。检查的 50 个视野要均匀地分布于所在计测室上（见图 5-5），可用显微镜载物台上带有标尺的推进器来控制，从上到下或从左到右一列列或一行行有规律地进行观察。同一检样应由两人进行观察。

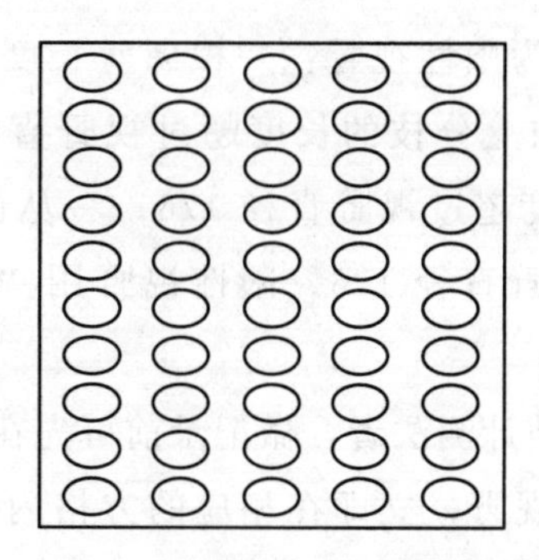

图 5-5　计测室上 50 个视野的分布

（2）霉菌菌丝的鉴别　在同一视野内霉菌菌丝的特征是：霉菌菌丝一般粗细均匀；霉菌菌丝体内含有颗粒，具有一定的透明度；有的霉菌菌丝有横隔；有的霉菌菌丝有分支。

5. 记录结果

记录观察视野结果，如图 5-6 所示。

6. 结果计算

在标准视野下，发现有霉菌菌丝其长度超过标准视野（1.382mm）的 1/6 或三根菌丝总长度超过标准视野的 1/6（即测微器的一格）时即记为阳性（+），否则记录为阴性（－）。

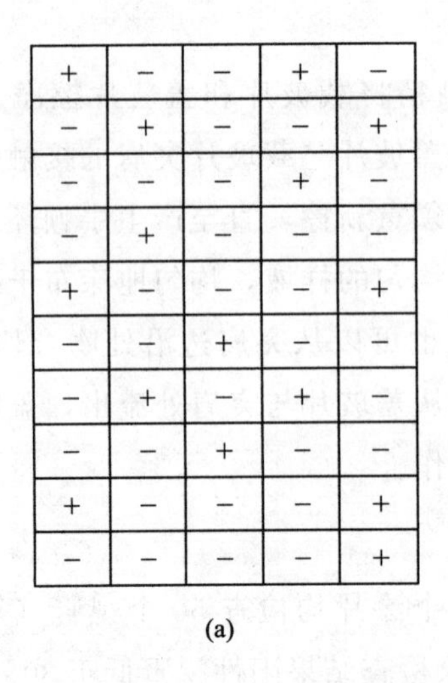

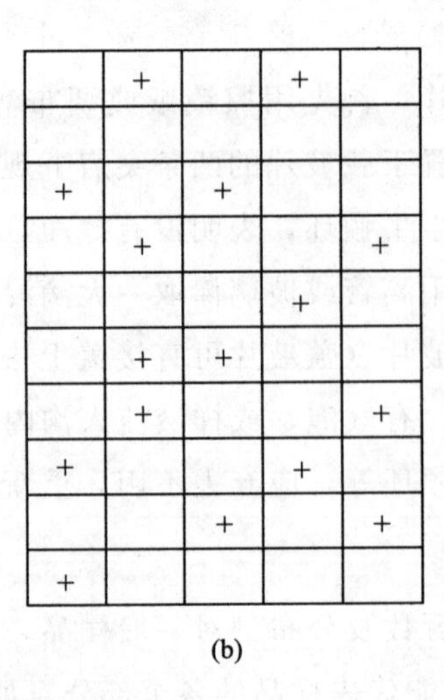

图 5-6 观察结果记录

7. 报告

报告每 100 个视野中全部阳性视野数为霉菌的视野百分数［视野（%）］。

8. 注意事项

（1）阳性视野与阴性视野的判断。在标准视野下，上下调节焦距，观察视野中有无菌丝，凡符合下列情况之二者为阳性视野：一根菌丝长度超过视野直径 1/6（即一个小方格的边长）；一根菌丝长度加上分枝的长度超过视野直径 1/6；两根菌丝总长度超过视野直径 1/6；三根菌丝总长度超过视野直径 1/6；一丛菌丝可视为一个菌丝，所有菌丝（包括分枝）总长度超过视野直径 1/6。阳性视野用"＋"表示；阴性视野用"－"表示之。

（2）对初次学习霍华德霉菌计测法者，做记录前可先在记录纸上画出计测室上视野均匀分布的小格，观察一个标准视野，立即在相应的方格内做"＋"或"－"的记录，或"－"以空格表示（见图 5-6）。这种记录方法，在计测过程中，可减少重复或遗漏计数的现象，也可以从记录表格上"＋""－"视野的分布，了解涂片是否均匀。如果一个样品做两个片子观察结果误差较大（超过 6%），则另取样涂片，观察测定至误差＜6%时为止。

四、任务评价及考核

（1）对霉菌检验结果及报告进行自评和小组互评。

（2）教师考核各小组操作的准确性。

（3）根据师生评价结果及时改进。

趣味阅读

为啤酒酿造注入优质灵魂

酵母是真菌类的一种微生物，是啤酒酿造的灵魂。在啤酒酿造过程中，酵母是魔术师，是加工厂，它把麦芽中的糖分发酵产生酒精、二氧化碳和其他微量发酵产物，再与其他直接来自麦芽、酒花的风味物质一起，赋予了成品啤酒诱人而独特的感官特征。

在酿酒师眼中，了解酵母，就像了解自己的孩子；培育酵母，就像精心照顾自己的宝宝。从业 30 年来，她以鲜为人知的艰辛付出，在成千上万的菌落中准确选择和科学培育出优良的酵母菌，提升啤酒风味，降低生产成本。她就是高级酿酒师、国家级技能大师郭立芸。

为了让选菌过程更高效、结果更明确，郭立芸带头开发新技术，构建高通量筛选模型，同时引进先进的检测技术和评价方法，做足选菌辅助工作，以此大大提高工作效率。建立筛板前，两年才培育 300 个菌种，而随着技术手段的提升，四个月就能筛选培育 5000 多株菌种。

2013 年，郭立芸带领团队以“神舟十号”飞船上天为契机，将燕京酵母送上宇宙，实现了传统酿酒工艺与先进航天技术的完美结合，在国内啤酒行业独树一帜。其利用太空特殊的环境诱变因素进行太空育种，再通过陆地的数代培育，终于筛选获得了高效、安全地缩短发酵周期菌种、低产蛋白酶 A 菌种等系列菌株，这大大地缩短了燕京啤酒的发酵周期，提升啤酒生产速度，从而达到了短时间高质量的目的。

为了让“匠心酿造”的种子薪火相传，郭立芸携手身边年轻同事，不断弘扬劳动精神、工匠精神，将多项达到国际水平的研发和创新技术成果成功转化，影响和助力了啤酒酿造行业的不断发展。

复习思考题

一、判断题

1. 计数霉菌和酵母结果前，是不需要鉴定菌落是否是真菌的。（　　）

2. 霉菌检验第二法想表达的是该食品是否存在加工前的腐败。（　　）

二、填空题

1. 番茄酱、番茄汁这类样品检验适用（　　），是采用（　　）直接镜检计数的方法。

2. 我国规定第一法培养温度为（　　），培养（　　）天后观察菌落生长情况，共培养（　　）天。

3. 霉菌直接镜检计数法是将果酱或果汁稀释到一定波美度后，涂布在（　　）上，然后在（　　）下观察（　　）个视野里面是否有霉菌，结果用（　　）表示。

项目六 食品中常见致病菌的检验

项目目标

知识目标：1. 掌握食品中常见致病菌的检验方法。
2. 熟悉食品中常见致病菌的检验程序。
3. 了解食品中常见致病菌的危害及污染食品种类。

技能目标：1. 能够按照国标规范地完成食品中常见致病菌的检验。
2. 能够对检测结果进行分析计算并填写规范的检验报告。

素质目标：1. 具备食品质量与安全的意识。
2. 具备爱岗敬业、吃苦耐劳、团队协作的良好职业道德。
3. 具备严谨求实的科学态度。

链接国家标准

GB 4789.10—2016《食品安全国家标准　食品微生物学检验　金黄色葡萄球菌检验》；

GB 4789.4—2024《食品安全国家标准　食品微生物学检验　沙门氏菌检验》；

GB 4789.5—2012《食品安全国家标准　食品微生物学检验　志贺氏菌检验》；

GB 4789.30—2016《食品安全国家标准　食品微生物学检验　单核细胞增生李斯特氏菌检验》。

衔接职业技能大赛

食品安全与质量检测	
沙门氏菌检验	操作要求
利用虚拟仿真软件完成沙门氏菌的检验。	能够完成包括预增菌、增菌、分离培养、血清学鉴定和分子生物学检验等。

任务一　金黄色葡萄球菌检验

【必备知识】

葡萄球菌属（*Staphylococcus*）是一群革兰氏阳性球菌，因常堆聚成葡萄状而得名。葡萄球菌广泛分布于自然界中，绝大多数是非致病菌，有些还构成人和动物皮肤、鼻腔、咽喉等部位的正常菌群，仅有少数具有致病性。

葡萄球菌属中与食品关系最为密切的是金黄色葡萄球菌。该菌在适宜的条件下会产生肠毒素，引起人的食物中毒。在我国细菌性食物中毒事件中由金黄色葡萄球菌引起的食物中毒的发生率，仅次于沙门氏菌和副溶血性弧菌。因此，在食品微生物学检验中，必须加以重视。

一、生物学特性

1. 形态及染色

金黄色葡萄球菌为革兰氏阳性球菌，直径为0.5～1.5μm，以单个、成对以及不规则的葡萄串状排列，无鞭毛，不运动，无芽孢，一般不形成荚膜。衰老、死亡或被吞噬细胞吞噬的菌体，常转为革兰氏阴性。

2. 培养特性

金黄色葡萄球菌为需氧或兼性厌氧菌，在含有20%～30%的CO_2环境下有利于产生毒素。金黄色葡萄球菌对营养要求不高，生长温度7～47.8℃，最适生长温度30～37℃，最适pH值7.4；在普通琼脂培养基上生长良好；可耐高盐，在含有10%～15% NaCl环境中仍能生长。

3. 生化反应

普通球菌属的生化反应不规则。通常触酶试验、氧化酶试验阴性，能发酵多种糖类，产酸不产气，如能发酵葡萄糖、乳糖、麦芽糖、蔗糖，有细胞色素。致病菌株能液化明胶，凝固酶试验多为阳性，在厌氧条件下能分解甘露醇并产酸，非致病菌株无此反应。

二、分布和传播

金黄色葡萄球菌广泛分布于自然界，空气、水、灰尘及人和动物的排泄物中都可找到。作为人和动物的常见致病菌，其主要存在于人和动物的鼻腔、咽喉、头发上，50%的健康人的皮肤上都有其存在。因此，食品受其污染的机会很多。传播媒介为被该菌污染的食品，主要为淀粉类食物（如剩饭、米面、粥等），牛乳及乳制品，以及鱼、肉、蛋类等。

三、危害

金黄色葡萄球菌是人类化脓感染中最常见的病原菌，临床表现多种多样，可引起局部化脓感染，也可引起肺炎、伪膜性肠炎、心包炎等，甚至可引起败血症、脓毒症等全身感染。

四、检验基本原理

金黄色葡萄球菌可产生多种毒素和酶。在血平板上生长时，因产生金黄色色素可使菌落呈金黄色；由于产生溶血素可使菌落周围形成大而透明的溶血圈。在 Baird-Parker 平板上生长时，因将亚碲酸钾还原成碲酸钾可使菌落呈灰黑色；因产生脂酶使菌落周围有一浑浊带，而在其外层因产生蛋白水解酶则有一透明带。在肉汤中生长时，菌体可生成血浆凝固酶并释放于培养基中（称作游离凝固酶）。此酶类似凝血酶原物质，不直接作用到血浆纤维蛋白原上，而是被血浆中的致活剂（即凝固酶致活因子）激活后，变成耐热的凝血酶样物质，此物质可使血浆中的液态纤维蛋白原变成固态纤维蛋白，血浆因而呈凝固状态。

五、国标适用范围

金黄色葡萄球菌定性检验（第一法）适用于食品中金黄色葡萄球菌的定性检验；金黄色葡萄球菌平板计数法（第二法）适用于金黄色葡萄球菌含量较高的食品中金黄色葡萄球菌的计数；金黄色葡萄球菌 MPN 计数（第三法）适用于金黄色葡萄球菌含量较低的食品中金黄色葡萄球菌的计数。

【任务实施】

子任务1　金黄色葡萄球菌定性检验（第一法）

金黄色葡萄球菌检测（第一法）

1. 材料准备

（1）仪器和材料　恒温培养箱［（36±1）℃］、冰箱（2～5℃）、水浴箱（36～56℃）、天平（感量为 0.1g）、均质器、振荡器、无菌吸管（1mL、10mL 或微量移液器及吸头）、无菌锥形瓶（250mL、500mL）、涂布棒。

（2）培养基和试剂　7.5%氯化钠肉汤、磷酸盐缓冲溶液、无菌生理盐水、血琼脂平板、Baird-ParKer 琼脂平板、脑心浸出液肉汤（BHI）、兔血浆、营养琼脂小斜面、革兰氏染色液。

（3）检测程序　如图 6-1 所示。

2. 工作流程

各小组查询和学习 GB 4789.10—2016《食品安全国家标准　食品微生物学检验　金黄色葡萄球菌检验》中有关第一法的规定，确定本任务所需用品种类及数量的清单→准备

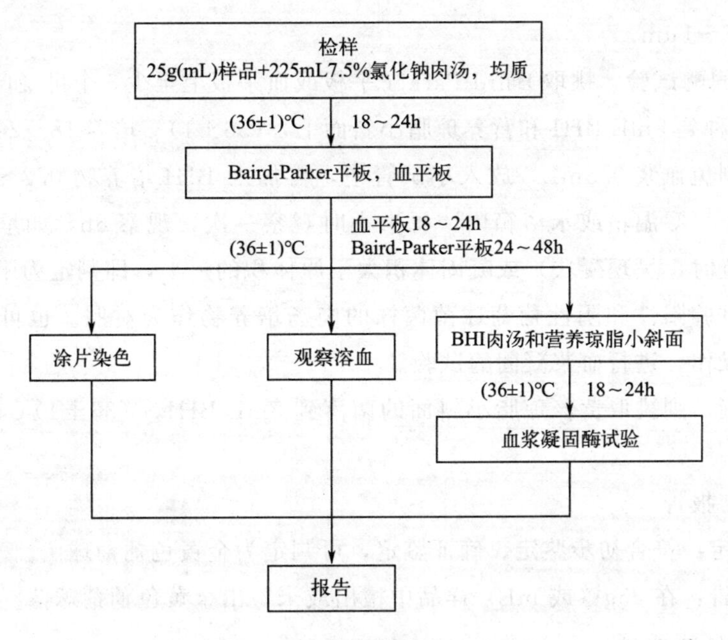

图 6-1　金黄色葡萄球菌检验程序

和清点材料→设计任务实施方案→讨论、修改方案→任务实施→反馈调整。

3. 操作步骤

（1）样品稀释　称取 25g 样品至盛有 225mL 7.5%氯化钠肉汤或 10%氯化钠胰酪胨大豆肉汤的无菌均质杯内，8000～10000r/min 均质 1～2min，或放入盛有 225mL 7.5%氯化钠肉汤或 10%氯化钠胰酪胨大豆肉汤的无菌均质袋中，用拍击式均质器拍打 1～2min。若样品为液态，吸取 25mL 样品至盛有 225mL 7.5%氯化钠肉汤或 10%氯化钠胰酪胨大豆肉汤的无菌锥形瓶（瓶内可预置适当数量的无菌玻璃珠）中，振荡混匀。

（2）增菌　将上述样品匀液于（36±1)℃培养 18～24h。金黄色葡萄球菌在 7.5%氯化钠肉汤中呈浑浊生长，污染严重时在 10%氯化钠胰酪胨大豆汤内呈浑浊生长。

（3）分离　将增菌后的培养物，分别划线接种到 Baird-Parker 平板和血平板上，血平板（36±1)℃培养 18～24h，Baird-Parker 平板（36±1)℃培养 24～48h。

（4）初步鉴定　金黄色葡萄球菌在 Baird-Parker 平板上呈圆形，表面光滑、凸起、湿润，菌落直径为 2～3mm，颜色呈灰黑色至黑色，有光泽，常有浅色（非白色）的边缘，周围绕以不透明圈（沉淀），其外常有一清晰带。当用接种针触及菌落时具有黄油样黏稠感。有时可见到不分解脂肪的菌株，除没有不透明圈和清晰带外，其他外观基本相同。从长期贮存的冷冻或脱水食品中分离的菌落，其黑色常较典型菌落浅些，且外观可能较粗糙，质地较干燥。在血平板上，形成菌落较大，呈圆形，表面光滑、凸起、湿润，为金黄色（有时为白色），菌落周围可见完全透明溶血圈。挑取上述可疑菌落进行革兰氏染色镜检及血浆凝固酶试验。

（5）确证鉴定

① 染色镜检。金黄色葡萄球菌为革兰氏阳性球菌，排列呈葡萄球状，无芽孢，无荚

膜，直径为0.5～1μm。

② 血浆凝固酶试验。挑取Baird-Parker平板或血平板上至少5个可疑菌落（小于5个全选），分别接种到5mL BHI和营养琼脂小斜面上，(36±1)℃培养18～24h。

取新鲜配制兔血浆0.5mL，放入小试管中，再加入BHI培养物0.2～0.3mL，振荡摇匀，置(36±1)℃温箱或水浴箱内，每半小时观察一次，观察6h，如呈现凝固（即将试管倾斜或倒置时，呈现凝块）或凝固体积大于原体积的一半，即判定为阳性结果。同时以血浆凝固酶试验阳性和阴性葡萄球菌菌株的肉汤培养物作为对照。也可用商品化的试剂，按说明书操作，进行血浆凝固酶试验。

结果如可疑，则挑取营养琼脂小斜面的菌落到5mL BHI，(36±1)℃培养18～48h，重复试验。

（6）结果与报告

① 结果判定：符合初步鉴定、确证鉴定，可判定为金黄色葡萄球菌。

② 结果报告：在25g（或mL）样品中检出或未检出金黄色葡萄球菌。

4. 任务评价及考核

（1）对金黄色葡萄球菌检验结果及报告进行自评和小组互评。

（2）教师考核各小组操作的准确性。

（3）根据师生评价结果及时改进。

子任务2　金黄色葡萄球菌的定量检验——平板计数法（第二法）

金黄色葡萄球菌平板计数法检验程序见图6-2。

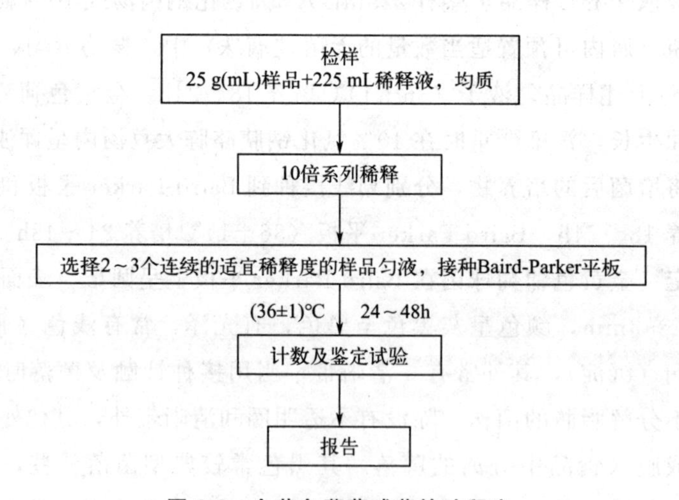

图6-2　金黄色葡萄球菌检验程序

1. 样品稀释

（1）固体和半固体样品。称取25g预处理样品置盛有225mL磷酸盐缓冲稀释液或生理盐水的无菌均质杯内，以8000～10000r/min均质1～2min，制成1∶10的样品匀液。

（2）液体样品。以无菌吸管吸取25mL样品置盛有225mL磷酸盐缓冲液或生理盐水的无菌锥形瓶（瓶内预置适当数量的无菌玻璃珠）中，充分混匀，制成1∶10的样品匀液。

（3）用1mL无菌吸管或微量移液器吸取1∶10样品匀液1mL，沿管壁缓慢注于盛有9mL磷酸盐缓冲液或生理盐水的无菌试管中（注意吸管或吸头尖端不要触及稀释液面），振摇试管或换用1支1mL无菌吸管反复吹打使其混合均匀，制成1∶100的样品匀液。

（4）按步骤（3）操作程序，制备10倍系列稀释样品匀液。每递增稀释一次，换用1次1mL无菌吸管或吸头。

2. 样品的接种

根据对样品污染状况的估计，选择2～3个适宜稀释度的样品匀液（液体样品可包括原液），在进行10倍递增稀释的同时，每个稀释度分别吸取1mL样品匀液以0.3mL、0.3mL、0.4mL接种量分别加入三块Baird-Parker平板，然后用无菌涂布棒涂布整个平板，注意不要触及平板边缘。使用前，如Baird-Parker平板表面有水珠，可放在25～50℃的培养箱里干燥，直到平板表面的水珠消失。

3. 培养

在通常情况下，涂布后，将平板静置10min，如样液不易吸收，可将平板放在培养箱(36±1)℃培养1h；等样品匀液吸收后翻转平板，倒置后于（36±1)℃培养24～48h。

4. 典型菌落计数和确认

（1）金黄色葡萄球菌在Baird-Parker平板上呈圆形，表面光滑、凸起、湿润，菌落直径为2～3mm，颜色呈灰黑色至黑色，有光泽，常有浅色（非白色）的边缘，周围绕以不透明圈（沉淀），其外常有一清晰带。当用接种针触及菌落时具有黄油样黏稠感。有时可见到不分解脂肪的菌，除没有不透明圈和清晰带外，其他外观基本相同。从长期贮存的冷冻或脱水食品中分离的菌落，其黑色常较典型菌落浅些，且外观可能较粗糙，质地较干燥。

（2）选择有典型的金黄色葡萄球菌菌落的平板，且同一稀释度3个平板所有菌落数合计在20～200CFU之间的平板，计数典型菌落数。

（3）从典型菌落中至少选5个可疑菌落（小于5个全选）进行鉴定试验。分别做染色镜检、血浆凝固酶试验；同时划线接种到血平板，于（36±1)℃培养18～24h后观察菌落形态，金黄色葡萄球菌菌落较大，圆形、光滑凸起、湿润、金黄色（有时为白色），菌落周围可见完全透明溶血圈。

5. 结果计算

（1）若只有一个稀释度平板的典型菌落数在20～200CFU之间，计数该稀释度平板上的典型菌落，按式（6-1）计算。

（2）若最低稀释度平板的典型菌落数小于20CFU，计数该稀释度平板上的典型菌落，按式（6-1）计算。

（3）若某一稀释度平板的典型菌落数大于200CFU，但下一稀释度平板上没有典型菌落，计数该稀释度平板上的典型菌落，按式（6-1）计算。

（4）若某一稀释度平板的典型菌落数大于200CFU，而下一稀释度平板上虽有典型菌落但不在20～200CFU范围内，应计数该稀释度平板上的典型菌落，按式（6-1）计算。

（5）若2个连续稀释度的平板典型菌落数均在20～200CFU之间，按式（6-2）计算。

（6）计算公式

$$T=\frac{AB}{Cd} \tag{6-1}$$

式中　T——样品中金黄色葡萄球菌菌落数；

A——某一稀释度典型菌落的总数；

B——某一稀释度鉴定为阳性的菌落数；

C——某一稀释度用于鉴定试验的菌落数；

d——稀释因子。

$$T=\frac{A_1B_1/C_1+A_2B_2/C_2}{1.1d} \tag{6-2}$$

式中　T——样品中金黄色葡萄球菌菌落数；

A_1——第一稀释度（低稀释倍数）典型菌落的总数；

B_1——第一稀释度（低稀释倍数）鉴定为阳性的菌落数；

C_1——第一稀释度（低稀释倍数）用于鉴定试验的菌落数；

A_2——第二稀释度（高稀释倍数）典型菌落的总数；

B_2——第二稀释度（高稀释倍数）鉴定为阳性的菌落数；

C_2——第二稀释度（高稀释倍数）用于鉴定试验的菌落数；

1.1——计算系数；

d——稀释因子（第一稀释度）。

6. 报告

根据计算结果，报告1g（mL）样品中金黄色葡萄球菌数，以CFU/g（mL）表示；如T值为0，则以小于1乘以最低稀释倍数报告。

7. 任务评价及考核

（1）对金黄色葡萄球菌检验结果及报告进行自评和小组互评。

（2）教师考核各小组操作的准确性。

（3）根据师生评价结果及时改进。

子任务3　金黄色葡萄球菌的定量检验——MPN法（第三法）

金黄色葡萄球菌MPN计数检验程序见图6-3。

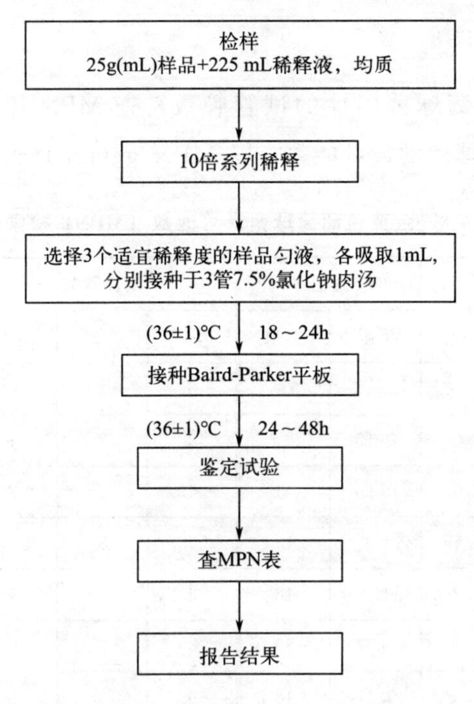

图 6-3 金黄色葡萄球菌 MPN 法检验程序

1. 样品的稀释

按子任务 2 金黄色葡萄球菌的定量检验——平板计数法（第二法）样品的稀释进行。

2. 接种和培养

（1）根据对样品污染状况的估计，选择 3 个适宜稀释度的样品匀液（液体样品可包括原液），在进行 10 倍递增稀释的同时，每个稀释度分别接种 1mL 样品匀液至 7.5%氯化钠肉汤管（如接种量超过 1mL，则用双料 7.5%氯化钠肉汤），每个稀释度接种 3 管，将上述接种物于（36±1）℃培养 18～24h。

（2）用接种环从培养后的 7.5%氯化钠肉汤管中分别取培养物 1 环，移种于 Baird-Parker 平板，于（36±1）℃培养 24～48h。

3. 典型菌落确认

（1）金黄色葡萄球菌在 Baird-Parker 平板上呈圆形，表面光滑、凸起、湿润，菌落直径为 2～3mm，颜色呈灰黑色至黑色，有光泽，常有浅色（非白色）的边缘，周围绕以不透明圈（沉淀），其外常有一清晰带。当用接种针触及菌落时具有黄油样黏稠感。有时可见到不分解脂肪的菌株，除没有不透明圈和清晰带外，其他外观基本相同。从长期贮存的冷冻或脱水食品中分离的菌落，其黑色常较典型菌落浅些，且外观可能较粗糙，质地较干燥。

（2）从典型菌落中至少选 5 个可疑菌落（小于 5 个全选）进行鉴定试验。分别做染色镜检、血浆凝固酶试验；同时划线接种到血平板，在（36±1）℃培养 18～24h 后观察菌落形态，金黄色葡萄球菌菌落较大，圆形、光滑凸起、湿润、金黄色（有时为白色），菌落周围可见完全透明溶血圈。

4. 结果与报告

根据证实为金黄色葡萄球菌阳性的试管管数，查 MPN 检索表（表 6-1），报告 1g（mL）样品中金黄色葡萄球菌的最可能数，以 MPN/g（mL）表示。

表 6-1　金黄色葡萄球菌最可能数（MPN）检索表

阳性管数			MPN	95%置信区间		阳性管数			MPN	95%置信区间	
0.10	0.01	0.001		下限	上限	0.10	0.01	0.001		下限	上限
0	0	0	<3.0	—	9.5	2	2	0	21	4.5	42
0	0	1	3.0	0.15	9.6	2	2	1	28	8.7	94
0	1	0	3.0	0.15	11	2	2	2	35	8.7	94
0	1	1	6.1	1.2	18	2	3	0	29	8.7	94
0	2	0	6.2	1.2	18	2	3	1	36	8.7	94
0	3	0	9.4	3.6	38	3	0	0	23	4.6	94
1	0	0	3.6	0.17	18	3	0	1	38	8.7	110
1	0	1	7.2	1.3	18	3	0	2	64	17	180
1	0	2	11	3.6	38	3	1	0	43	9	180
1	1	0	7.4	1.3	20	3	1	1	75	17	200
1	1	1	11	3.6	38	3	1	2	120	37	420
1	2	0	11	3.6	42	3	1	3	160	40	420
1	2	1	15	4.5	42	3	2	0	93	18	420
1	3	0	16	4.5	42	3	2	1	150	37	420
2	0	0	9.2	1.4	38	3	2	2	210	40	430
2	0	1	14	3.6	42	3	2	3	290	90	1000
2	0	2	20	4.5	42	3	3	0	240	42	1000
2	1	0	15	3.7	42	3	3	1	460	90	2000
2	1	1	20	4.5	42	3	3	2	1100	180	4100
2	1	2	27	8.7	94	3	3	3	>1100	420	—

注：1. 本表采用 3 个稀释度［0.1g（mL）、0.01g（mL）和 0.001g（mL）］，每个稀释度接种 3 管。

2. 表内所列检样量如改用 1g（mL）、0.1g（mL）和 0.01g（mL）时，表内数字应相应降低为原来的 1/10；如改用 0.01g（mL）、0.001g（mL）、0.0001g（mL）时，则表内数字应相应增高 10 倍，其余类推。

5. 任务评价及考核

（1）完成金黄色葡萄球菌检验原始记录表的填写。

（2）对金黄色葡萄球菌的检验结果进行自评和小组互评。

（3）教师考核各小组操作的准确性。

（4）根据师生评价结果及时改进。

【拓展知识】

金黄色葡萄球菌检测的卫生学意义

金黄色葡萄球菌能产生数种引起急性胃肠炎的蛋白质性肠毒素，分为A、B、C、D、E及F六种血清型。肠毒素可耐受100℃煮沸30min而不被破坏。它引起的食物中毒症状是呕吐和腹泻。此外，金黄色葡萄球菌还产生溶表皮素、明胶酶、蛋白酶、脂肪酶、肽酶等。因此对食品进行金黄色葡萄球菌的检测可以衡量被检食品卫生质量是否达标，也是判断被检食品能否食用的科学依据之一；可以判断食品加工环境及食品卫生环境，能够对食品被病菌污染的程度做出正确的评价，为各项卫生管理工作提供科学依据；可以有效地防止或者减少食物中毒和人畜共患病的发生，保障人民的身体健康。

任务二　沙门氏菌检验

【必备知识】

沙门氏菌属（*Salmonella*）是一群寄生于人类和动物肠道中，生化反应和抗原构造相似的革兰氏阴性杆菌。我国有200多个血清型，对人类致病的主要有伤寒沙门氏菌、副伤寒沙门氏菌、鼠伤寒沙门氏菌、猪霍乱沙门氏菌和肠炎沙门氏菌等。

一、生物学特性

1. 形态学性状

革兰氏阴性杆菌，多数有周鞭毛，一般无荚膜。

2. 培养特性与生化反应

在普通琼脂平板上形成中等大小、半透明的光滑型菌落。兼性厌氧。不发酵乳糖，发酵葡萄糖、麦芽糖和甘露醇。

3. 抗原结构

抗原结构主要有O抗原和H抗原，个别菌株有Vi抗原。

（1）O抗原　为细胞壁上的脂多糖。根据O抗原可将沙门氏菌属分成42个群。引起人类疾病的沙门氏菌，多属于A～F群。O抗原刺激机体主要产生IgM类抗体。

(2) H抗原　为蛋白质。同一群沙门氏菌根据H抗原不同可将群内细菌分为不同的种和型。H抗原刺激机体主要产生IgG类抗体。

(3) Vi抗原　新分离出的伤寒沙门氏菌、丙型副伤寒沙门氏菌等有此抗原。与毒力有关，存在于菌体表面，可阻止O抗原与相应抗体的凝集反应。

4. 抵抗力

抵抗力不强，65℃，15～20min死亡。在水中能存活2～3周，粪便中可活1～2个月，可在冰冻土壤中过冬。

二、分布和传播

1. 发病率

沙门氏菌食物中毒的发病率较高，占食物中毒的40%～60%，最高达90%。发病率的高低受活菌数量、菌型和个体易感性等因素的影响。由于各种血清型沙门氏菌致病性强弱不同，因此随同食物摄入沙门氏菌出现食物中毒的菌量亦不相同。通常情况下，当食物中沙门氏菌含量为2×10^5CFU/g即可引起食物中毒，而致病力弱的沙门氏菌含量为10^8CFU/g才能引起食物中毒。通常认为猪霍乱沙门氏菌致病力最强，鼠伤寒沙门氏菌致病力较弱。食物中毒的发生不仅与菌量、菌型、毒力的强弱有关，还与个体的抵抗力有关。对于幼儿、体弱老人及其他疾病患者等易感性较高的人群，较少菌量或较弱致病力的菌型仍可引起食物中毒，甚至导致出现较重的临床症状。

2. 流行特点

沙门氏菌食物中毒全年均可发生，但季节性较强，多见于夏秋季节，通常5～10月的发病率和中毒人数可达全年的80%。其发病点多、面广，暴发性与散发性并存，以水源性和食源性暴发较为普遍。青壮年多发，且以农民、工人为主。

3. 引起中毒的食品及原因

引起沙门氏菌食物中毒的食品主要为动物性食品，特别是畜肉类及其制品，其次为禽肉、蛋类、乳类及其制品。由植物性食品引起的沙门氏菌食物中毒较少。中毒发生的原因主要是食品被沙门氏菌污染，再加上处理不当，未能杀灭沙门氏菌。

4. 食品中沙门氏菌的来源

沙门氏菌在自然界分布极其广泛，在人和动物中有广泛的宿主。因此，沙门氏菌污染肉类食物（例如猪肉、牛肉、羊肉、鸡肉、鸭肉、鹅肉等）的概率较高。健康家畜、家禽肠道中沙门氏菌检出率仅为2%～15%，病猪肠道中检出率高达70%。正常人粪便中沙门氏菌检出率为0.02%～0.2%，但腹泻患者粪便中检出率为8.6%～18.8%。

三、危害

大多数沙门氏菌食物中毒是由沙门氏菌活菌对肠黏膜的侵袭而引起的感染型食物中

毒。潜伏期一般为4～48h，最长可达72h。当大量沙门氏菌随食物进入人体后，在肠道内生长繁殖，经肠系膜淋巴系统进入血液引起全身感染。

1. 致病机制

致病主要通过侵袭力和毒素两方面表征。

（1）侵袭力　通过菌毛黏附，细菌被吞噬而不被杀死，继续在细胞内生长繁殖，并随吞噬细胞游走到机体其他部位。抗吞噬作用与O抗原和Vi抗原有关。

（2）毒素　①内毒素可引起发热、白细胞反应、中毒性休克。②外毒素，如志贺毒素Ⅰ和Ⅱ（Stx-Ⅰ，Stx-Ⅱ）。

（3）肠毒素　少数沙门氏菌如鼠伤寒沙门氏菌可产生肠毒素，引起水样腹泻。

2. 所致疾病

（1）伤寒　又称肠热病、副伤寒，分别由伤寒沙门氏菌和甲、乙、丙型副伤寒沙门氏菌引起。伤寒沙门氏菌和副伤寒沙门氏菌的致病机制和临床症状基本相似，区别是副伤寒沙门氏菌的病程短、病情较轻。

（2）食物中毒　是最常见的沙门氏菌感染病。常因食用未煮熟的病畜病禽的肉类、蛋类而发病。主要症状为发热、恶心、呕吐、腹痛、腹泻。2～4d可自愈。

（3）败血症　见于儿童和免疫力低下的成人。出现高热、寒战、厌食、贫血等症状，严重时导致脑膜炎、胆囊炎、心内膜炎等。

【任务实施】

食品中沙门氏菌的检验

1. 材料准备

（1）仪器和材料　冰箱（2～8℃）；恒温培养箱［(36±1)℃，(42±1)℃］；均质器；振荡器；电子天平（0.1g）；无菌锥形瓶（500mL，250mL）；无菌量筒（50mL）；无菌广口瓶（500mL）；无菌吸管：1mL（具0.01mL刻度）、10mL（具0.1mL刻度）或微量移液器及吸头；无菌培养皿（直径60mm，90mm）。无菌试管（10mm×75mm、15mm×150mm或其他规格）；无菌小玻管：3mm×50mm；无菌接种环：10μL（直径约3mm）、1μL以及接种针；pH计（或pH比色管或精密pH试纸）；全自动微生物生化鉴定系统；生物安全柜。

（2）培养基和试剂　缓冲蛋白胨水（BPW）；四硫磺酸钠煌绿（TTB）增菌液；亚硒酸盐胱氨酸（SC）增菌液；亚硫酸铋（BS）琼脂；HE琼脂；木糖赖氨酸脱氧胆盐（XLD）琼脂；沙门氏菌属显色培养基；三糖铁（TSI）琼脂；蛋白胨水、靛基质试剂；尿素琼脂（pH值7.2）；氰化钾（KCN）培养基；赖氨酸脱羧酶试验培养基；糖发酵培养基；邻硝基酚β-D-半乳糖苷（ONPG）培养基；半固体琼脂；丙二酸钠培养基；沙门氏菌显色培养基；沙门氏菌诊断血清；生化鉴定试剂盒。

（3）检验程序　沙门氏菌检验程序见图 6-4。

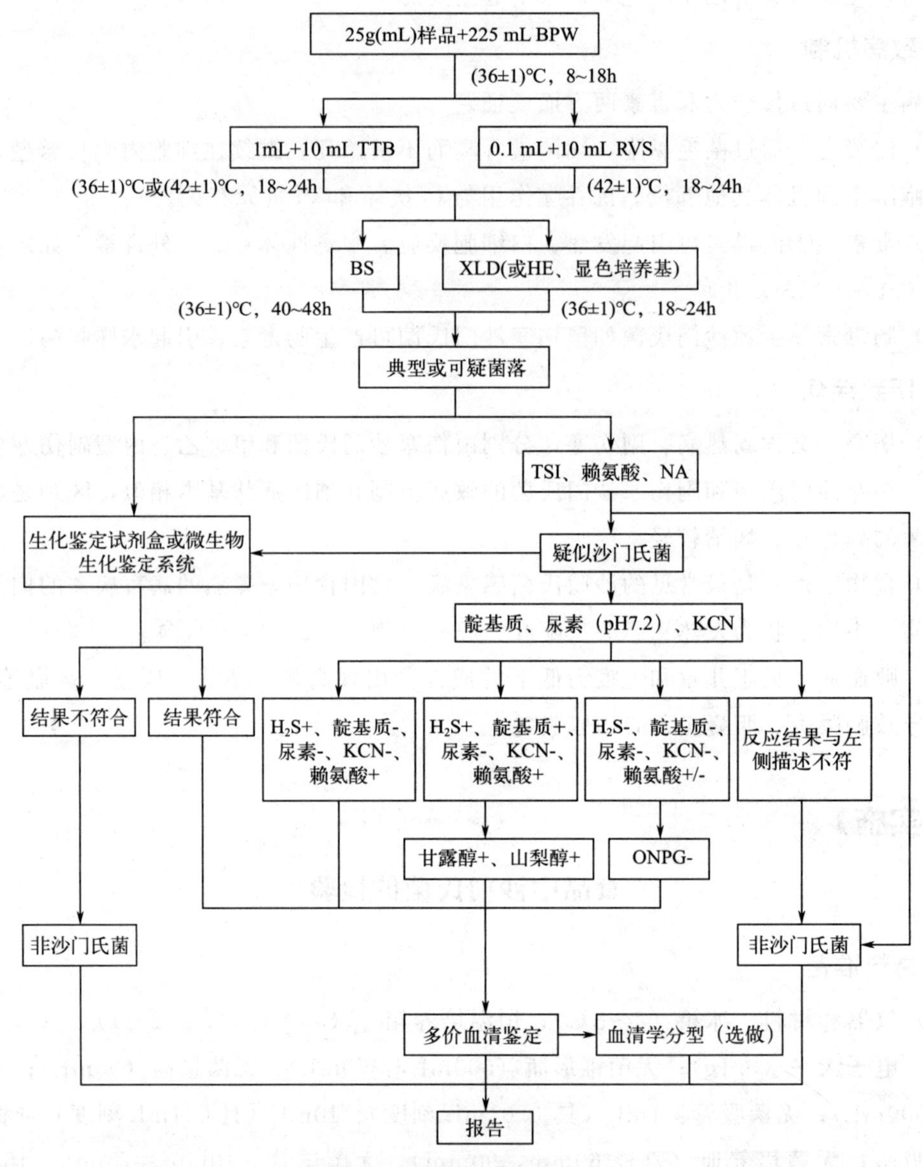

图 6-4　沙门氏菌检验程序

2. 工作流程

各小组查询和学习 GB 4789.4—2024《食品安全国家标准　食品微生物学检验　沙门氏菌检验》中的有关规定，确定本任务所需用品种类及数量的清单→准备和清点材料→设计任务实施方案→讨论、修改方案→任务实施→反馈改进。

3. 操作步骤

（1）预增菌　无菌操作称取 25g（mL）样品，置于盛有 225mL BPW 的无菌均质杯中，以 8000～10000r/min 均质 1～2min，或置于盛有 225mL BPW 的无菌均质袋中，用拍击式均质器拍打1～2min。对于液态样品，也可置于盛有225mL BPW的无菌锥形瓶或其他合适容器中振荡混匀。如需调节pH时，用1mol/L NaOH或HCl调pH至6.8±0.2。无菌操作将样品转至500mL锥形瓶或其他合适容器内（如均质杯本身具有无孔盖或使用均质袋时，可不转移样品），置于（36±1）℃培养8～18h。

对于乳粉，无菌操作称取25g样品，缓缓倾倒在广口瓶或均质袋内225mL BPW的液体表面，勿调节pH，也暂不混匀，室温静置（60±5）min后再混匀，置于（36±1）℃培养16～18h。

冷冻样品如需解冻，取样前在40～45℃的水浴中解冻不超过15min，或在2～8℃冰箱缓慢化冻不超过18h。

（2）选择性增菌　轻轻摇动预增菌的培养物，移取0.1mL转种于10mL RVS中，混匀后于（42±1）℃培养18～24h。同时，另取1mL转种于10mL TTB中后混匀，低背景菌的样品（如深加工的预包装食品等）置于（36±1）℃培养18～24h，高背景菌的样品（如生鲜禽肉等）置于（42±1）℃培养18～24h。

如有需要，可将预增菌的培养物在2～8℃冰箱保存不超过72h，再进行选择性增菌。

（3）分离　振荡混匀选择性增菌的培养物后，用直径3mm的接种环取每种选择性增菌的培养物各一环，分别划线接种于一个BS琼脂平板和一个XLD琼脂平板（也可使用HE琼脂平板、沙门氏菌显色培养基平板或其他合适的分离琼脂平板），于（36±1）℃分别培养40～48h（BS琼脂平板）或18～24h（XLD琼脂平板、HE琼脂平板、沙门氏菌显色培养基平板），观察各个平板上生长的菌落，是否符合表6-2的菌落特征。

如有需要，可将选择性增菌的培养物在2～8 ℃冰箱保存不超过72h，再进行分离。

表6-2　不同分离琼脂平板上沙门氏菌的菌落特征

选择性琼脂平板	沙门氏菌
BS琼脂	菌落为黑色有金属光泽、棕褐色或灰色，菌落周围培养基可呈黑色或棕色；有些菌株形成灰绿色的菌落，周围培养基不变
XLD琼脂	菌落呈粉红色，带或不带黑色中心，有些菌株可呈现大的带光泽的黑色中心，或呈现全部黑色的菌落；有些菌株为黄色菌落，带或不带黑色中心
HE琼脂	蓝绿色或蓝色，多数菌落中心黑色或几乎全黑色；有些菌株为黄色，中心黑色或几乎全黑色
沙门氏菌属显色培养基	按照显色培养基的说明进行判定

（4）生化试验

① 挑取4个以上典型或可疑菌落进行生化试验，这些菌落宜分别来自不同选择性增菌液的不同分离琼脂；也可先选其中一个典型或可疑菌落进行试验，若鉴定为非沙门氏菌，再取余下菌落进行鉴定。将典型或可疑菌落接种三糖铁琼脂，先在斜面划线，再于底层穿刺，同时接种赖氨酸脱羧酶试验培养基和营养琼脂（或其他合适的非选择性固体培养

基）平板，于（36±1）℃培养18～24 h。三糖铁和赖氨酸脱羧酶试验的结果及初步判断见表6-3。将已挑菌落的分离琼脂平板于2～8℃保存，以备必要时复查。

表6-3　三糖铁和赖氨酸脱羧酶试验结果及初步判断

三糖铁				赖氨酸脱羧酶基	初步判断
斜面	底层	产气	硫化氢		
K	A	＋（－）	＋（－）	＋	疑似沙门氏菌属
K	A	＋（－）	＋（－）	－	疑似沙门氏菌属
A	A	＋（－）	＋（－）	＋	疑似沙门氏菌属
A	A	＋/－	＋/－	－	非沙门氏菌
K	K	＋/－	＋/－	＋/－	非沙门氏菌

注：K表示产碱，A表示产酸；＋表示阳性，－表示阴性；＋（－）表示多数阳性，少数阴性；＋/－表示阳性或阴性。

② 初步判断为非沙门氏菌者，直接报告结果。对疑似沙门氏菌者，从营养琼脂平板上挑取其纯培养物接种蛋白胨水（供做靛基质试验）、尿素琼脂（pH 7.2）、氰化钾（KCN）培养基，也可在接种三糖铁琼脂和赖氨酸脱羧酶试验培养基的同时，接种以上3种生化试验培养基，于（36±1）℃培养18～24 h，按表6-4判定结果。

表6-4　生化试验结果鉴别表（一）

序号	硫化氢（H_2S）	靛基质	尿素（pH7.2）	氰化钾（KCN）	赖氨酸脱羧酶
A1	＋	－	－	－	＋
A2	＋	＋	－	－	＋
A3	－	－	－	－	＋/－

注：＋表示阳性；－表示阴性；＋/－表示阳性或阴性。

a. 符合表6-4中A1者，为沙门氏菌典型的生化反应，进行血清学鉴定后报告结果。尿素、氰化钾和赖氨酸脱羧酶中如有1项不符合A1，按表6-5进行结果判断；尿素、氰化钾和赖氨酸脱羧酶中如有2项不符合A1，判断为非沙门氏菌并报告结果。

表6-5　生化试验结果鉴别表（二）

pH值7.2尿素	氰化钾（KCN）	赖氨酸脱羧酶	判定结果
－	－	－	甲型副伤寒沙门氏菌（要求血清学鉴定结果）
－	＋	＋	沙门氏菌Ⅳ或Ⅴ（符合该亚种生化特性并要求血清学鉴定结果）
＋	－	＋	沙门氏菌个别变体（要求血清学鉴定结果）

注：＋表示阳性；－表示阴性。

b. 生化试验结果符合表6-4中A2者，补做甘露醇和山梨醇试验，沙门氏菌（靛基质阳性变体）的甘露醇和山梨醇试验结果均为阳性，其结果报告还需进行血清学鉴定。

c. 生化试验结果符合表6-4中A3者，补做ONPG试验。沙门氏菌的ONPG试验结果为阴性，且赖氨酸脱羧酶试验结果为阳性，但甲型副伤寒沙门氏菌的赖氨酸脱羧酶试验结果为阴性。生化试验结果符合沙门氏菌者，进行血清学鉴定。

d. 必要时，按表6-6进行沙门氏菌种和亚种的生化鉴定。

表6-6　沙门氏菌种和亚种的生化鉴定

种	肠道沙门氏菌						邦戈尔沙门菌
亚种	肠道亚种	萨拉姆亚种	亚利桑那亚种	双相亚利桑那亚种	豪顿亚种	印度亚种	
项目	Ⅰ	Ⅱ	Ⅲa	Ⅲb	Ⅳ	Ⅵ	Ⅴ
卫矛醇	+	+	—	—	—	d	+
ONPG（2h）	—	—	+	+	—	d	+
丙二酸盐	—	+	+	+	—	—	—
明胶酶	—	+	+	+	+	+	—
山梨醇	+	+	+	+	+	—	+
氰化钾	—	—	—	—	+	—	+
L（+）-酒石酸盐	+	—	—	—	—	—	—
半乳糖醛酸	—	+	—	+	+	+	+
γ-谷氨酰转肽酶	+	+	—	+	+	+	+
β-葡糖醛酸苷酶	d	d	—	+	—	d	—
黏液酸	+	+	+	—（70%）	—	+	+
水杨苷	—	—	—	—	+	—	—
乳糖	—	—	—（75%）	+（75%）	—	d	—
O1噬菌体裂解	+	+	—	+	—	+	d

注：+表示阳性；—表示阴性；d表示不定。

③ 如选择生化鉴定试剂盒或微生物生化鉴定系统，用分离平板上典型或可疑菌落的纯培养物，或者根据表6-3初步判断为疑似沙门氏菌的纯培养物，按生化鉴定试剂盒或微生物生化鉴定系统的操作说明进行鉴定。

（5）血清学鉴定

① 培养物自凝性检查。一般采用琼脂含量为1.2%～1.5%的纯培养物进行玻片凝集试验。首先进行自凝性检查，在洁净的玻片上滴加一滴生理盐水，取适量待测菌培养物与之混合，成为均一性的浑浊悬液，将玻片轻轻摇动30～60s，在黑色背景下观察反应（必

要时用放大镜观察)，若出现可见的菌体凝集，即认为有自凝性，反之无自凝性。对无自凝的培养物参照下面方法进行血清学鉴定。

② 多价菌体抗原（O）鉴定。在玻片上划出两个约1cm×2cm的区域，挑取待测菌培养物，各放约一环于玻片上的每一区域上部，在其中一个区域下部加一滴多价菌体（O）血清，在另一区域下部加入一滴生理盐水，作为对照。再用无菌的接种环或针将两个区域内的待测菌培养物，分别与血清和生理盐水研成乳状液。将玻片倾斜摇动混合1min，并对着黑暗背景进行观察，与对照相比，出现可见的菌体凝集者为阳性反应。O血清不凝集时，将菌株接种在琼脂含量较高（如2%～3%）的培养基上培养后再鉴定，如果是由于Vi抗原的存在而阻止了O血清的凝集反应时，可挑取待测菌培养物在1mL生理盐水中制成浓菌液，在沸水中水浴20～30min，冷却后再进行鉴定。

③ 多价鞭毛抗原（H）鉴定。操作同多价菌体抗原（O）鉴定，将多价菌体（O）血清换成多价鞭毛（H）血清，进行多价鞭毛抗原（H）鉴定。H抗原发育不良时，将菌株接种在半固体琼脂平板的中央，待菌落蔓延生长时，在其边缘部分取菌鉴定；或将菌株接种在装有半固体琼脂的小玻管培养1～2代，自远端取菌再进行鉴定。

4. 任务评价及考核

（1）完成沙门氏菌检验原始记录表的填写。

（2）对沙门氏菌的检验结果进行自评和小组互评。

（3）教师考核各小组操作的准确性。

（4）根据师生评价结果及时改进。

任务三　志贺氏菌检验

【必备知识】

志贺氏菌（*Shigella*）属于变形菌门，γ-变形菌纲，肠杆菌目，肠杆菌科。志贺氏菌为需氧或兼性厌氧的革兰氏阴性杆菌，某些菌型有菌毛，容易附着在肠黏膜上皮细胞上。其对营养要求不高，能在普通培养基上生长，形成中等大小、半透明的光滑型菌落。根据志贺氏菌属的表面抗原和生化特征，志贺氏菌属可分为4群（种）和50余血清型（包括亚型）。

一、生物学特性

1. 形态及染色

志贺氏菌为革兰氏阴性杆菌，大小为（2～3）μm×（0.5～0.7）μm，无芽孢，无荚膜，无鞭毛，不运动。

2. 培养特性

需氧或兼性厌氧，最适温度37℃，pH 值6.4～7.8，在普通琼脂培养基和SS平板上，形成圆形、微凸、光滑湿润、无色半透明、边缘整齐、中等大小的菌落。在液体培养基中呈均匀浑浊生长，无菌膜形成。志贺氏菌能迟缓发酵乳糖（37℃经 3～4d）。

3. 生化反应

该菌属能分解葡萄糖，不能利用枸橼酸盐作为碳源，产酸不产气。接触酶试验阳性（只一个种例外），氧化酶试验阴性，有机化能营养型，发酵糖类（主要是葡萄糖，除了宋内志贺氏菌外均不能发酵乳糖）不产气（除了少数种产气外），也不能发酵侧金盏花醇、肌醇、水杨苷。甲基红试验阳性、VP 试验阴性，不分解尿素，电基质不定。痢疾志贺氏菌不分解甘露醇，其他（福氏、鲍氏、宋内氏）均可分解甘露醇。不利用柠檬酸盐或丙二酸盐作为唯一碳源。KCN 中不生长，不产 H_2S。

有 K 和 O 抗原而无 H 抗原，K 抗原是自患者新分离的某些菌株的菌体表面抗原，不耐热，加热 100℃经 1h 被破坏。K 抗原在血清学分型上无意义，但可阻止 O 抗原与相应抗血清的凝集反应。

二、分布和传播

1. 流行概况

志贺氏菌是人类细菌性痢疾的病原菌，其发病率和病死率居感染性腹泻之首。全球每年细菌性痢疾发病估计达 1.65 亿人次（其中 1.63 亿人次发生在卫生条件较差的发展中国家），导致 110 万人死亡，其中 61%的死亡病例为 5 岁以下儿童。

人类对痢疾杆菌有很高的易感性，在幼儿体内可引起急性中毒性菌痢，死亡率甚高。志贺氏菌引起的细菌性痢疾，主要通过消化道途径传播。食源性志贺氏菌流行的最主要原因是从事食品加工的人员患菌痢或带菌者污染食品，食品接触人员个人卫生差，存放已污染的食品温度不适当等。

2. 生存环境和传播途径

志贺氏菌的抵抗力比其他肠道杆菌弱，加热 60℃，10min 即可被杀死，对酸和一般消毒剂敏感。在粪便中，由于其他肠道菌产酸或噬菌体的作用常使本菌在数小时内死亡，但在污染物品及瓜果、蔬菜上，志贺氏菌可存活 10～20d。在适宜的温度下，志贺氏菌可在水及食品中繁殖，引起水源或食物型的暴发流行。

志贺氏菌主要通过污染水源和食物经口感染，细菌通过胃和小肠到达大肠，在此处侵入黏膜上皮细胞，一般不进入血流。志贺氏菌的感染剂量较低，少至 10～100 个菌就可以引起感染。

三、危害

志贺氏菌能导致人类的肠道感染，引起腹泻、腹痛、发热、恶心等症状，严重的可导致死亡。志贺氏菌经口感染，到达肠道组织后，与肠道上皮细胞接触并侵入细胞内，诱发志贺菌的Ⅲ型分泌系统分泌效应蛋白分子导致炎症，细菌同时侵入巨噬细胞引起宿主免疫反应；后续感染志贺氏菌从巨噬细胞中释放并侵入邻近肠道上皮细胞，进一步扩大炎症反应和免疫反应；细菌毒性大质粒及染色体所携带的毒力基因同时发挥效应，导致人体产生一系列肠道症状。

【任务实施】

食品中志贺氏菌的检验

1. 材料准备

（1）仪器和材料　恒温培养箱［(36±1)℃］；冰箱（2～5℃）；膜过滤系统；厌氧培养装置［(41.5±1)℃；电子天平（感量 0.1g）；显微镜（10×～100×）；均质器；振荡器；无菌吸管［1mL（具 0.01mL 刻度）、10mL（具 0.1mL 刻度）或微量移液器及吸头］；无菌均质杯或无菌均质袋（容量 500mL）；无菌培养皿（直径 90mm）；pH 计（或 pH 比色管或精密 pH 试纸）；全自动微生物生化鉴定系统。

（2）培养基和试剂　志贺氏菌增菌肉汤-新生霉素；麦康凯（MAC）琼脂；木糖赖氨酸脱氧胆酸盐（XLD）琼脂；志贺氏菌显色培养基；三糖铁（TSI）琼脂；营养琼脂斜面；半固体琼脂；葡萄糖铵培养基；尿素琼脂；*β*-半乳糖苷酶培养基；氨基酸脱羧酶试验培养基；糖发酵管；西蒙氏柠檬酸盐培养基；黏液酸盐培养基；蛋白胨水、靛基质试剂；志贺氏菌属诊断血清；生化鉴定试剂盒。

（3）检验程序　志贺氏菌检验程序见图 6-5。

2. 工作流程

各小组查询和学习 GB 4789.5—2012《食品安全国家标准　食品微生物学检验　志贺氏菌检验》中的有关规定，确定本任务所需用品种类及数量的清单→准备和清点材料→设计任务实施方案→讨论、修改方案→任务实施→反馈改进。

3. 操作步骤

（1）增菌　以无菌操作取检样 25g（mL），加入装有灭菌的 225mL 志贺氏菌增菌肉汤的均质杯中，用旋转刀片式均质器以 8000～10000r/min 均质；或加入装有 225mL 志贺氏菌增菌肉汤的均质袋中，用拍击式均质器连续均质 1～2min，液体样品振荡混匀即可。于（41.5±1)℃，厌氧培养 16～20h。

（2）分离　取增菌后的志贺氏菌增菌液分别划线接种于 XLD 琼脂平板和 MAC 琼脂平板或志贺氏菌显色培养基平板上，于（36±1)℃培养 20～24h，观察各个平板上生长的菌落形态。宋内氏志贺氏菌的单个菌落直径大于其他志贺氏菌。若出现的菌落不典型或菌落较小不易观察，则继续培养至 48h 再进行观察。志贺氏菌在不同选择性琼脂平板上的菌落特征见表 6-7。

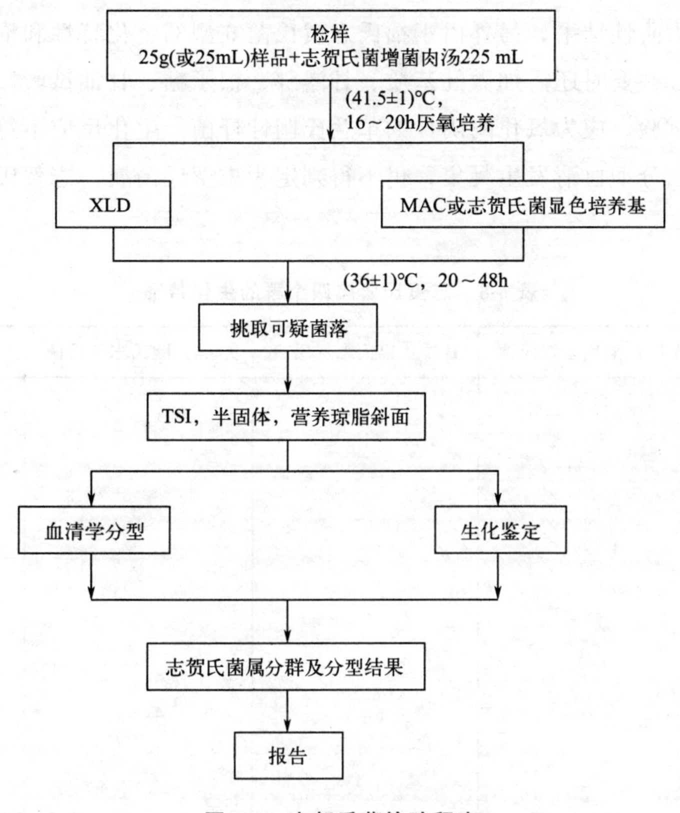

图 6-5 志贺氏菌检验程序

表 6-7 志贺氏菌在不同选择性琼脂平板上的菌落特征

选择性琼脂平板	志贺氏菌的菌落特征
MAC 琼脂	无色至浅粉红色，半透明、光滑、湿润、圆形、边缘整齐或不齐
XLD 琼脂	粉红色至无色，半透明、光滑、湿润、圆形、边缘整齐或不齐
志贺氏菌显色培养基	按照显色培养基的说明进行判定

（3）初步生化试验

① 自选择性琼脂平板上分别挑取 2 个以上典型或可疑菌落，分别接种 TSI、半固体和营养琼脂斜面各一管，置（36±1)℃培养 20～24h，分别观察结果。

② 凡是三糖铁琼脂中斜面产碱、底层产酸（发酵葡萄糖，不发酵乳糖、蔗糖)、不产气（福氏志贺氏菌 6 型可产生少量气体)、不产硫化氢、半固体管中无动力的菌株，挑取其①中已培养的营养琼脂斜面上生长的菌苔，进行生化试验和血清学分型。

（4）生化试验及附加生化试验

① 生化试验。用（3）初步生化试验①中已培养的营养琼脂斜面上生长的菌苔，进行生化试验，即β-半乳糖苷酶、尿素、赖氨酸脱羧酶、鸟氨酸脱羧酶以及水杨苷和七叶苷的分解试验。除宋内氏志贺氏菌、鲍氏志贺氏菌 13 型的鸟氨酸阳性；宋内氏志贺氏菌和痢

疾志贺氏菌1型，鲍氏志贺氏菌13型的β-半乳糖苷酶为阳性以外，其余生化试验志贺氏菌属的培养物均为阴性结果。另外由于福氏志贺氏菌6型的生化特性和痢疾志贺氏菌或鲍氏志贺氏菌相似，必要时还需加做靛基质、甘露醇、棉子糖、甘油试验，也可做革兰氏染色检查和氧化酶试验，应为氧化酶阴性的革兰氏阴性杆菌。生化反应不符合的菌株，即使能与某种志贺氏菌分型血清发生凝集，仍不得判定为志贺氏菌属。志贺氏菌属生化特性见表6-8。

表6-8　志贺氏菌属四个群的生化特征

生化反应	A群：痢疾志贺氏菌	B群：福氏志贺氏菌	C群：鲍氏志贺氏菌	D群：宋内氏志贺氏菌
β-半乳糖苷酶	-①	-	-①	+
尿素	-	-	-	-
赖氨酸脱羧酶	-	-	-	-
鸟氨酸脱羧酶	-	-	-②	+
水杨苷	-	-	-	-
七叶苷	-	-	-	-
靛基质	-/+	(+)	-/+	-
甘露醇	-	+③	+	+
棉子糖	-	+	-	+
甘油	(+)	-	(+)	d

注：+表示阳性；-表示阴性；-/+表示多数阴性；+/-表示多数阳性；(+)表示迟缓阳性；d表示有不同生化型。

① 痢疾志贺氏菌1型和鲍氏13型为阳性。

② 鲍氏13型为鸟氨酸阳性。

③ 福氏4型和6型常见甘露醇阴性变种。

② 附加生化试验。由于某些不活泼的大肠埃希菌（anaerogenic *E. coli*）、A-D（Alkalescens-D isparbiotypes碱性-异型）菌的部分生化特征与志贺氏菌相似，并能与某种志贺氏菌分型血清发生凝集；因此前面生化试验符合志贺氏菌属生化特性的培养物还需另加葡萄糖胺、西蒙氏柠檬酸盐、黏液酸盐试验（36℃培养24～48h）。志贺氏菌属和不活泼大肠埃希菌、A-D菌的生化特性区别见表6-9。

表6-9　志贺氏菌属和不活泼大肠埃希菌、A-D菌的生化特性区别

生化反应	A群：痢疾志贺氏菌	B群：福氏志贺氏菌	C群：鲍氏志贺氏菌	D群：宋内氏志贺氏菌	大肠埃希菌	A-D菌
葡萄糖胺	-	-	-	-	+	+
西蒙氏柠檬酸盐	-	-	-	-	d	d

续表

生化反应	A群：痢疾志贺氏菌	B群：福氏志贺氏菌	C群：鲍氏志贺氏菌	D群：宋内氏志贺氏菌	大肠埃希菌	A-D菌
黏液酸盐	－	－	－	d	＋	d

注：1. ＋表示阳性；－表示阴性；d表示有不同生化型。

2. 在葡萄糖胺、西蒙氏柠檬酸盐、黏液酸盐试验三项反应中志贺氏菌一般为阴性，而不活泼的大肠埃希菌、A-D（碱性-异型）菌至少有一项反应为阳性。

如选择生化鉴定试剂盒或全自动微生物生化鉴定系统，可根据（3）初步生化试验②的初步判断结果，用（3）初步生化试验①中已培养的营养琼脂斜面上生长的菌苔，使用生化鉴定试剂盒或全自动微生物生化鉴定系统进行鉴定。

（5）血清学鉴定

① 抗原的准备。志贺氏菌属没有动力，所以没有鞭毛抗原。志贺氏菌属主要有菌体（O）抗原。菌体O抗原又可分为型和群的特异性抗原。

一般采用1.2%～1.5%琼脂培养物作为玻片凝集试验用的抗原。

注：一些志贺氏菌如果因为K抗原的存在而不出现凝集反应时，可挑取菌苔于1mL生理盐水做成浓菌液，于100℃煮沸15～60min去除K抗原后再检查。D群志贺氏菌既可能是光滑型菌株也可能是粗糙型菌株，与其他志贺氏菌群抗原不存在交叉反应。与肠杆菌科不同，宋内氏志贺氏菌粗糙型菌株不一定会自凝。宋内氏志贺氏菌没有K抗原。

② 凝集反应。在玻片上划出2个约1cm×2cm的区域，挑取一环待测菌，各放1/2环于玻片上的每一区域上部，在其中一个区域下部加1滴抗血清，在另一区域下部加入1滴生理盐水，作为对照。再用无菌的接种环或针分别将两个区域内的菌落研成乳状液。将玻片倾斜摇动混合1min，并对着黑色背景进行观察，如果抗血清中出现凝结成块的颗粒，而且生理盐水中没有发生自凝现象，那么凝集反应为阳性。如果生理盐水中出现凝集，视作为自凝。这时，应挑取同一培养基上的其他菌落继续进行试验。

如果待测菌的生化特征符合志贺氏菌属生化特征，而其血清学试验为阴性的话，则按（5）血清学鉴定①中的“注”进行试验。

（6）结果报告　综合以上生化试验和血清学鉴定的结果，报告25g（mL）样品中检出或未检出志贺氏菌。

4. 任务评价及考核

（1）完成志贺氏菌检验原始记录表的填写。

（2）对志贺氏菌的检验结果进行自评和小组互评。

（3）教师考核各小组操作的准确性。

（4）根据师生评价结果及时改进。

任务四 单核细胞增生李斯特氏菌检验

【必备知识】

李斯特氏菌属（*Listeria*）普遍存在于环境中，最新的分类学研究表明，其分为六个种：单核细胞增生李斯特氏菌（*Listeria monocytogenes*）、伊氏李斯特氏菌（*Listeria ivanovi*）、英诺克李斯特氏菌（*Listeria innocua*）、斯氏李斯特氏菌（*Listeria seeligeri*）、威氏李斯特氏菌（*Listeria welshimeri*）、格氏李斯特氏菌（*Listeria grayi*）。但在李斯特氏菌属的六个种中，只有两种致病菌，即单核细胞增生李斯特氏菌和伊氏李斯特氏菌，其中通常只有单核细胞增生李斯特氏菌和人类的李斯特氏菌病相关，因此李斯特氏菌中最有检测意义的是单核细胞增生李斯特氏菌。

一、生物学特性

1. 形态及染色

该菌为革兰氏阳性短杆菌，大小约为 0.5μm×（1.0～2.0μm），直或稍弯，两端钝圆，常呈 V 字型排列，偶有球状、双球状，兼性厌氧，无芽孢，一般不形成荚膜，但在营养丰富的环境中可形成荚膜，在陈旧培养物中菌体可呈丝状及革兰氏阴性，该菌有 4 根周毛和 1 根端毛，但周毛易脱落。

2. 培养特性

（1）在 20～25℃培养有动力，穿刺培养 2～5d 可见倒立伞状生长，肉汤培养物在显微镜下可见翻跟斗运动。

（2）该菌的生长范围为 3～45℃（也有报道在 0℃能缓慢生长），最适培养温度为 35～37℃，在 pH 中性至弱碱性（pH 值 9.6）、氧分压略低、二氧化碳张力略高的条件下该菌生长良好，在 pH 值 3.8～4.4 能缓慢生长，在 6.5% NaCl 肉汤中生长良好。该菌是嗜冷菌，在 37℃下生长最佳，反映了其作为条件致病菌和肠道共生菌的能力，但其能在较宽的温度范围（0～45℃）内保持生长；对 NaCl 具有相对抗性，在 10%浓度条件下可以生长，在 20%～30%浓度下可存活；并可以在较宽的 pH 值范围内保持生长（pH 值 4.6～9.2）。60～70℃经 5～20min 可杀死此菌，70%酒精 5min，2.5%石碳酸、2.5%NaOH、2.5%福尔马林 20min 可以杀死此菌，CO_2 不能显著抑制其生长。

（3）在固体培养基上，菌落初始很小，透明，边缘整齐，呈露滴状，但随着菌落的增大，变得不透明。在 5%～7%的血平板上，菌落通常也不大，呈灰白色，刺种血平板培养后可产生窄小的β-溶血环。在0.6%酵母浸膏胰酪大豆琼脂（TSAYE）和改良Mc Bride（MMA）琼脂上，用45°角入射光照射菌落，通过解剖镜垂直观察，菌落呈蓝色、灰色或蓝灰色。

3. 生化特性

(1) 该菌过氧化氢酶试验阳性，氧化酶试验阴性。

(2) 能发酵多种糖类，产酸不产气，如发酵葡萄糖、乳糖、水杨苷、麦芽糖、鼠李糖、七叶苷、蔗糖（迟发酵）、山梨醇、海藻糖、果糖，不发酵木糖、甘露醇、肌醇、阿拉伯糖、侧金盏花醇、棉子糖、卫矛醇和纤维二糖。

(3) 不利用枸橼酸盐，40%胆汁不溶解，吲哚、硫化氢、尿素、明胶液化、硝酸盐还原、赖氨酸、鸟氨酸等试验均阴性，VP试验、甲基红试验和精氨酸水解试验阳性。

二、分布与传播

单核细胞增生李斯特氏菌能引起人、畜的李斯特氏菌病，感染后主要表现为败血症、脑膜炎和流产等。它广泛存在于自然界中，肉类、蛋类、禽类、海产品、乳制品、蔬菜等都可被污染。该菌在4℃的环境中仍可生长繁殖，不易被冷冻，能耐受较高的渗透压，是冷藏食品中威胁人类健康的主要病原菌之一。人主要通过食入软奶酪、未充分加热的鸡肉、未再次加热的热狗、鲜牛奶、巴氏消毒奶、冰激凌、生牛排卷心菜色拉、芹菜、番茄、法式馅饼、冻猪舌等而感染，约占85%～90%的病例是由被污染的食品引起的，其易感人群主要为孕妇、老人、新生儿和免疫缺陷人群。

三、危害

单核细胞增生李斯特氏菌是一种革兰氏阳性不产芽孢、不耐酸的杆菌，存在于土壤和腐烂的植物中，动植物食品、人畜排泄物、污水和青贮饲料中均可检出。该菌在4℃冰箱保存的食物中也能生长繁殖，是冷藏食品引起食物中毒的主要病原菌之一。单核细胞增生李斯特氏菌能产生一种溶血素性质的外毒素，引起人和动物的脑膜炎、败血症。一般健康人不易感染，老人、儿童、孕妇、免疫力低下的人属于易感人群。孕妇感染累及胎儿及新生儿，导致流产、早产、死产，死亡率达70%。

【任务实施】

子任务1 单核细胞增生李斯特氏菌定性检验（第一法）

1. 材料准备

(1) 仪器和材料 冰箱（2～5℃）；恒温培养箱[(30±1)℃、(36±1)℃]；均质器；显微镜（10×～100×）；电子天平（感量0.1g）；锥形瓶（100mL、500mL）；无菌吸管[1mL（具0.01mL刻度）、10mL（具0.1mL刻度）或微量移液器及吸头]；无菌平皿

（直径 90mm）；无菌试管（16mm×160mm）；离心管（30mm×100mm）；无菌注射器（1mL）等。

单核细胞增生李斯特氏菌（*Listeria monocytogenes*）ATCC19111 或 CMCC54004，或其他等效标准菌株；英诺克李斯特氏菌（*Listeria innocua*）ATCC33090，或其他等效标准菌株；伊氏李斯特氏菌（*Listeria ivanovii*）ATCC19119，或其他等效标准菌株；斯氏李斯特氏菌（*Listeria seeligeri*）ATCC35967，或其他等效标准菌株；金黄色葡萄球菌（*Staphylococcus aureus*）ATCC25923 或其他产 β-溶血环金葡菌，或其他等效标准菌株；马红球菌（*Rhodococcus equi*）ATCC6939 或 NCTC1621，或其他等效标准菌株；小白鼠，ICR 体重 18～22g；全自动微生物生化鉴定系统。

（2）培养基和试剂

① 含 0.6%酵母浸膏的胰酪胨大豆肉汤（TSB-YE）。

成分：胰胨 17.0g、多价胨 3.0g、酵母膏 6.0g、氯化钠 5.0g、磷酸氢二钾 2.5g、葡萄糖 2.5g、蒸馏水 1000mL。

② 含 0.6%酵母膏的胰酪胨大豆琼脂（TSA-YE）。

成分：胰胨 17.0g、多价胨 3.0g、酵母膏 6.0g、氯化钠 5.0g、磷酸氢二钾 2.5g、葡萄糖 2.5g、琼脂 15.0g、蒸馏水 1000mL。

③ 李氏增菌肉汤（LB_1，LB_2）。

成分：胰胨 5.0g、多价胨 5.0g、酵母膏 5.0g、氯化钠 20.0g、磷酸二氢钾 1.4g、磷酸氢二钠 12.0g、七叶苷 1.0g、蒸馏水 1000mL。

李氏Ⅰ液（LB_1）225mL 中加入：1%萘啶酮酸（用 0.05mol/L 氢氧化钠溶液配制）0.5mL 和 1%吖啶黄（用无菌蒸馏水配制）0.3mL。

李氏Ⅱ液（LB_2）200mL 中加入 1%萘啶酮酸 0.4mL 和 1%吖啶黄 0.5mL。

④ PALCAM 琼脂。

成分：酵母膏 8.0g、葡萄糖 0.5g、七叶苷 0.8g、柠檬酸铁铵 0.5g、甘露醇 10.0g、酚红 0.1g、氯化锂 15.0g、酪蛋白胰酶消化物 10.0g、心胰酶消化物 3.0g、玉米淀粉 1.0g、肉胃酶消化物 5.0g、氯化钠 5.0g、琼脂 15.0g、蒸馏水 1000mL。

⑤ PALCAM 选择性添加剂。

成分：多黏菌素 B 5.0mg、盐酸吖啶黄 2.5mg、头孢他啶 10.0mg、无菌蒸馏水 500mL。

⑥ 革兰氏染色液。

⑦ SIM 动力培养基。

成分：胰胨 20.0g、多价胨 6.0g、硫酸铁铵 0.2g、硫代硫酸钠 0.2g、琼脂 3.5g、蒸馏水 1000mL。

⑧ 缓冲葡萄糖蛋白胨水（MR 和 VP 试验用）。

a. 成分：多价胨 7.0g、葡萄糖 5.0g、磷酸氢二钾 5.0g、蒸馏水 1000mL。

b. 甲基红（MR）试验用试剂成分：甲基红 10mg、95%乙醇 30mL、蒸馏水 20mL。

c. V-P试验用试剂：6% α-萘酚-乙醇溶液、40%氢氧化钾溶液。

⑨ 血琼脂。

成分：蛋白胨1.0g、牛肉膏0.3g、氯化钠0.5g、琼脂1.5g、蒸馏水100mL、脱纤维羊血5～8mL。

⑩ 糖发酵管。

成分：牛肉膏5.0g、蛋白胨10.0g、氯化钠3.0g、磷酸氢二钠（$Na_2HPO_4 \cdot 12H_2O$）2.0g、0.2%溴麝香草酚蓝溶液12.0mL、蒸馏水1000mL。

⑪ 过氧化氢酶试验。

试剂：3%过氧化氢溶液（临用时配制）。

⑫ 缓冲蛋白胨水（BPW）。

成分：蛋白胨10.0g、氯化钠5.0g、磷酸氢二钠（$Na_2HPO_4 \cdot 12H_2O$）9.0g、磷酸二氢钾1.5g、蒸馏水1000mL。

（3）检验程序　单核细胞增生李斯特氏菌定性检验程序见图6-6。

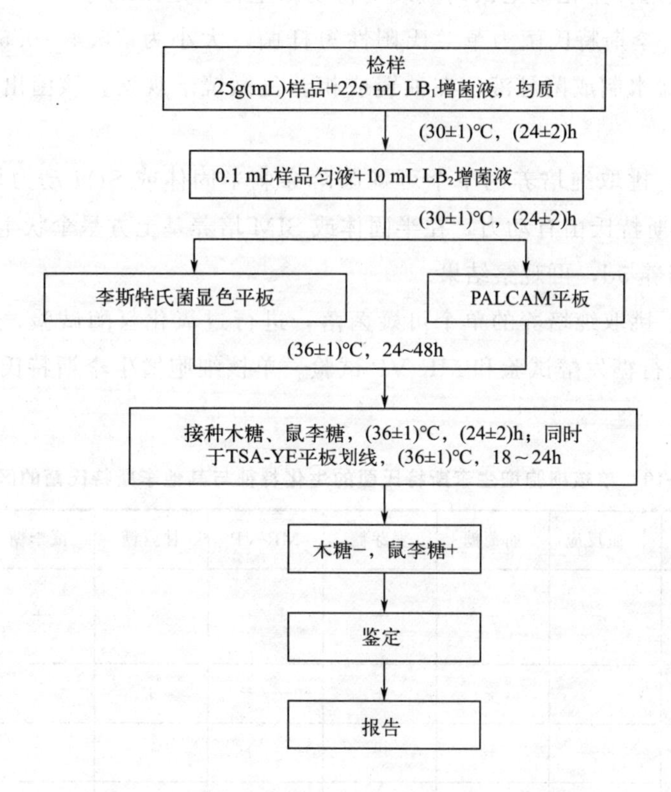

图6-6　单核细胞增生李斯特氏菌定性检验程序

2. 工作流程

各小组查询和学习GB 4789.30—2016《食品安全国家标准　食品微生物学检验　单核细胞增生李斯特氏菌检验》中的有关规定，确定本任务所需用品种类及数量的清单→准备和清点材料→设计任务实施方案→讨论、修改方案→任务实施→反馈改进。

3. 操作步骤

（1）增菌　以无菌操作取样品 25g（mL）加入到含有 225mL LB_1 增菌液的均质袋中，在拍击式均质器上连续均质 1～2min；或放入盛 225mL LB_1 增菌液的均质杯中，以 8000～10000r/min 均质 1～2min。于（30±1)℃培养（24±2)h，移取 0.1mL，转种于 10mL LB_2 增菌液内，于（30±1)℃培养（24±2)h。

（2）分离　取 LB_2 二次增菌液划线接种于李斯特氏菌显色平板和 PALCAM 琼脂平板，于（36±1)℃培养 24～48h，观察各个平板上生长的菌落。典型菌落在 PALCAM 琼脂平板上为小的圆形灰绿色菌落，周围有棕黑色水解圈，有些菌落有黑色凹陷；在李斯特氏菌显色平板上的菌落特征，参照产品说明进行判定。

（3）初筛　自选择性琼脂平板上分别挑取 3～5 个典型或可疑菌落，分别接种木糖、鼠李糖发酵管，于（36±1)℃培养（24±2)h，同时在 TSA-YE 平板上划线，于（36±1)℃培养 18～24h，然后选择木糖阴性、鼠李糖阳性的纯培养物继续进行鉴定。

（4）鉴定（或选择生化鉴定试剂盒或全自动微生物鉴定系统等）

① 染色镜检。李斯特氏菌为革兰氏阳性短杆菌，大小为（0.4～0.5μm）×（0.5～2.0μm)，用生理盐水制成菌悬液，在油镜或相差显微镜下观察，该菌出现轻微旋转或翻滚样的运动。

② 动力试验。挑取纯培养的单个可疑菌落穿刺半固体或 SIM 动力培养基，于 25～30℃培养 48h，李斯特氏菌有动力，在半固体或 SIM 培养基上方呈伞状生长，如伞状生长不明显，可继续培养 5d，再观察结果。

③ 生化鉴定。挑取纯培养的单个可疑菌落，进行过氧化氢酶试验，过氧化氢酶阳性反应的菌落继续进行糖发酵试验和 MR-VP 试验。单核细胞增生李斯特氏菌的主要生化特征见表 6-10。

表 6-10　单核细胞增生李斯特氏菌的生化特征与其他李斯特氏菌的区别

菌种	溶血反应	葡萄糖	麦芽糖	MR-VP	甘露糖	鼠李糖	木糖	七叶苷
单核细胞增生李斯特氏菌	+	+	+	+/+	－	+	－	+
格氏李斯特氏菌	－	+	+	+/+	+	－	－	+
斯氏李斯特氏菌	+	+	+	+/+	－	－	+	+
威氏李斯特氏菌	－	+	+	+/+	－	V	+	+
伊氏李斯特氏菌	+	+	+	+/+	－	－	+	+
英诺克李斯特氏菌	－	+	+	+/+	－	V	－	+

注：+表示阳性；－表示阴性；V表示不反应。

④ 溶血试验。将新鲜的羊血琼脂平板底面划分为 20～25 个小格，挑取纯培养的单个

可疑菌落刺种到血平板上，每格刺种一个菌落，并刺种阳性对照菌（单核细胞增生李斯特氏菌、伊氏李斯特氏菌和斯氏李斯特氏菌）和阴性对照菌（英诺克李斯特氏菌），穿刺时尽量接近底部，但不要触到底面，同时避免琼脂破裂，于（36±1）℃培养24～48h，于明亮处观察，单核细胞增生李斯特氏菌呈现狭窄、清晰、明亮的溶血圈，斯氏李斯特氏菌在刺种点周围产生弱的透明溶血圈，英诺克李斯特氏菌无溶血圈，伊氏李斯特氏菌产生宽的、轮廓清晰的β-溶血区域，若结果不明显，可置4℃冰箱24～48h再观察。

注：也可用划线接种法。

⑤ 协同溶血试验cAMP（可选项目）。在羊血琼脂平板上平行划线接种金黄色葡萄球菌和马红球菌，挑取纯培养的单个可疑菌落垂直划线接种于平行线之间，垂直线两端不要触及平行线，距离1～2mm，同时接种单核细胞增生李斯特氏菌、英诺克李斯特氏菌、伊氏李斯特氏菌和斯氏李斯特氏菌，于（36±1）℃培养24～48h。单核细胞增生李斯特氏菌在靠近金黄色葡萄球菌处出现约2mm的β-溶血增强区域，斯氏李斯特氏菌也出现微弱的溶血增强区域，伊氏李斯特氏菌在靠近马红球菌处出现5～10mm的“箭头状”β-溶血增强区域，英诺克李斯特氏菌不产生溶血现象。若结果不明显，可置4℃冰箱24～48h再观察。

注：5%～8%的单核细胞增生李斯特氏菌在马红球菌一端有溶血增强现象。

4. 结果与报告

综合以上生化试验和溶血试验的结果，报告25g（mL）样品中检出或未检出单核细胞增生李斯特氏菌。

5. 任务评价及考核

（1）完成单核细胞增生李斯特氏菌检验原始记录表的填写。

（2）对单核细胞增生李斯特氏菌的检验结果进行自评和小组互评。

（3）教师考核各小组操作的准确性。

（4）根据师生评价结果及时改进。

子任务2　单核细胞增生李斯特氏菌平板计数法（第二法）

1. 检验程序

单核细胞增生李斯特氏菌平板计数程序见图6-7。

2. 操作步骤

（1）样品的稀释

① 以无菌操作称取样品25g（mL），放入盛有225mL缓冲蛋白胨水或无添加剂的LB肉汤的无菌均质袋（或均质杯）内，在拍击式均质器上连续均质1～2min或以8000～10000r/min均质1～2min。液体样品，振荡混匀，制成1∶10的样品匀液。

② 用1mL无菌吸管或微量移液器吸取1∶10样品匀液1mL，沿管壁缓慢注于盛有9mL缓冲蛋白胨水或无添加剂的LB肉汤的无菌试管中（注意吸管或吸头尖端不要触及稀

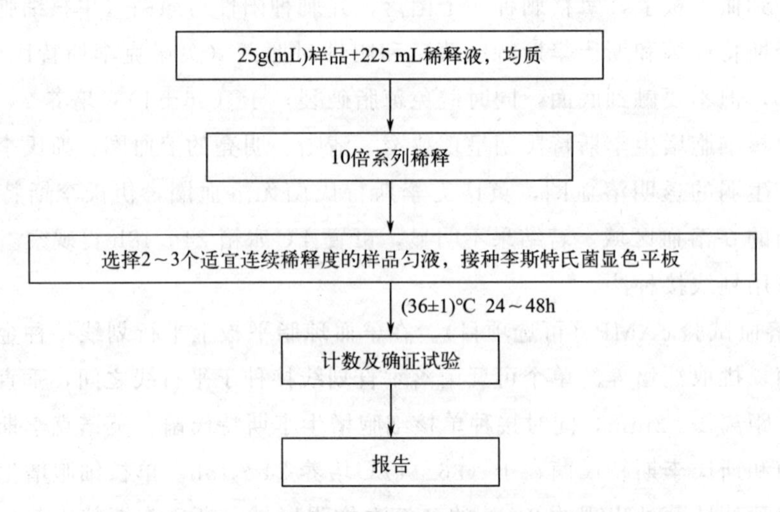

图 6-7 单核细胞增生李斯特氏菌平板计数程序

释液面)，振摇试管或换用 1 支 1mL 无菌吸管反复吹打使其混合均匀，制成 1：100 的样品匀液。

按②操作程序，制备 10 倍系列稀释样品匀液。每递增稀释 1 次，换用 1 支 1mL 无菌吸管或吸头。

(2) 样品的接种　根据对样品污染状况的估计，选择 2～3 个适宜连续稀释度的样品匀液（液体样品可包括原液)，每个稀释度的样品匀液分别吸取 1mL 以 0.3mL、0.3mL、0.4mL 的接种量分别加入 3 块李斯特氏菌显色平板，用无菌 L 棒涂布整个平板，注意不要触及平板边缘。使用前，如琼脂平板表面有水珠，可放在 25～50℃的培养箱里干燥，直到平板表面的水珠消失。

(3) 培养　在通常情况下，涂布后，将平板静置 10min，如样液不易吸收，可将平板放在培养箱于 (36±1)℃培养 1h；等样品匀液吸收后翻转培养皿，倒置于培养箱 (36±1)℃培养 24～48h。

(4) 典型菌落计数和确认　单核细胞增生李斯特氏菌在李斯特氏菌显色平板上的菌落特征以产品说明为准。选择有典型单核细胞增生李斯特氏菌菌落的平板，且同一稀释度 3 个平板所有菌落数合计在 15～150CFU 之间的平板，计数典型菌落数。如果：

① 只有一个稀释度的平板菌落数在 15～150CFU 之间且有典型菌落，计数该稀释度平板上的典型菌落；

② 所有稀释度的平板菌落数均小于 15CFU 且有典型菌落，应计数最低稀释度平板上的典型菌落；

③ 某一稀释度的平板菌落数大于 150CFU 且有典型菌落，但下一稀释度平板上没有典型菌落，应计数该稀释度平板上的典型菌落；

④ 所有稀释度的平板菌落数大于 150CFU 且有典型菌落，应计数最高稀释度平板上的典型菌落；

⑤ 所有稀释度的平板菌落数均不在15～150CFU之间且有典型菌落，其中一部分小于15CFU或大于150CFU时，应计数最接近15CFU或150CFU的稀释度平板上的典型菌落。以上按式（6-3）计算。

⑥ 2个连续稀释度的平板菌落数均在15～150CFU之间，按式（6-4）计算。

3. 结果计数

$$T = AB/(Cd) \tag{6-3}$$

式中 T——样品中单核细胞增生李斯特氏菌菌落数；

A——某一稀释度典型菌落的总数；

B——某一稀释度确证为单核细胞增生李斯特氏菌的菌落数；

C——某一稀释度用于单核细胞增生李斯特氏菌确证试验的菌落数；

d——稀释因子。

$$T = (A_1B_1/C_1 + A_2B_2/C_2)/(1.1d) \tag{6-4}$$

式中 T——样品中单核细胞增生李斯特氏菌菌落数；

A_1——第一稀释度（低稀释倍数）典型菌落的总数；

B_1——第一稀释度（低稀释倍数）确证为单核细胞增生李斯特氏菌的菌落数；

C_1——第一稀释度（低稀释倍数）用于单核细胞增生李斯特氏菌确证试验的菌落数；

A_2——第二稀释度（高稀释倍数）典型菌落的总数；

B_2——第二稀释度（高稀释倍数）确证为单核细胞增生李斯特氏菌的菌落数；

C_2——第二稀释度（高稀释倍数）用于单核细胞增生李斯特氏菌确证试验的菌落数；

1.1——计算系数；

d——稀释因子（第一稀释度）。

4. 结果报告

报告1g（mL）样品中单核细胞增生李斯特氏菌菌数，以CFU/g（mL）表示；如T值为0，则以小于1乘以最低稀释倍数报告。

5. 任务评价及考核

（1）完成单核细胞增生李斯特氏菌检验原始记录表的填写。

（2）对单核细胞增生李斯特氏菌的检验结果进行自评和小组互评。

（3）教师考核各小组操作的准确性。

（4）根据师生评价结果及时改进。

趣味阅读

抗生素的发现

抗生素的历史可以追溯到20世纪初，当时的人们在面临细菌感染时，只能依靠传统的方法来进行治疗，如对症治疗等。然而，这些方法的有效性并不高，仍有很多人因感染而死亡。

1928年7月下旬，弗莱明将众多培养基未经清洗就摞在一起，放在试验台阳光照不到的位置，就去休假了。度假归来的弗莱明顺手拿起顶层第一个培养基，解释时，发现培养基边缘有一块因溶菌而显示的惨白色，因此发现了青霉素，并于1929年6月发表最终使其获诺贝尔生理学或医学奖的论文。这是人类历史上第一个真正意义上的抗生素，一度成为医学史上的一个里程碑。

然而，抗生素的普及和使用并非毫无问题，随着时间的推移，人们发现当它被大量使用时，会产生耐药性，细菌将改变自己的基因，以适应新环境并变得更加坚强。这使得抗生素的使用愈加棘手。

抗生素不仅对人类健康产生影响，它们也会残留在土壤和水源中，影响生物多样性。此外，耐药菌可能会在不同地区传播，导致质量低劣的食品和饮用水。

面对这一情况，我们不应该回避使用抗生素，而是应该加强对它们正确使用的监管力度，并制定相关政策。此外，科学家们也应当加大研发力度，研制更加安全、有效的抗生素。作为普通人，我们也应该有所意识，不滥用抗生素，尤其是在感冒、发热等对症治疗情况下，采取其他更为合适的治疗方式。

复习思考题

一、判断题

1. 志贺氏菌感染一般不侵入血液，几乎只限于肠道。（　　）

2. 沙门氏菌属为革兰氏阴性杆菌，大多周生鞭毛，无芽孢。（　　）

3. 单核细胞增生李斯特氏菌是在冷藏条件下能够生长的细菌。（　　）

4. 单核细胞增生李斯特氏菌能够分解多种糖、醇、苷类，产酸不产气。（　　）

5. 单核细胞增生李斯特氏菌检验时 LB_1 和 LB_2 增菌液的培养条件均为(30±1)℃ 18～24h。（　　）

二、单项选择题

1. 在沙门氏菌检验中，为了验证培养物是否是沙门氏菌，必须要做的五项生化试验是（　　）。

A. 硫化氢试验、靛基质试验、尿素酶试验、KCN试验、赖氨酸脱氨酶试验

B. 硫化氢试验、靛基质试验、尿素酶试验、KCN试验、赖氨酸脱羧酶试验

C. 硫化氢试验、靛基质试验、甲基红试验、KCN 试验、赖氨酸脱羧酶试验

D. 硫化氢试验、靛基质试验、甲基红试验、KCN 试验、赖氨酸脱氨酶试验

2. 生长在高盐环境并且生存依赖盐的细菌称为（　　）。

A. 嗜温菌　　B. 嗜盐菌　　C. 嗜酸菌　　D. 嗜碱菌

3. 志贺氏菌属常引起（　　）。

A. 细菌性痢疾　　B. 阿米巴痢疾　　C. 假膜性肠炎　　D. 慢性肠炎

4. 分离培养志贺氏菌最常选用的选择鉴别培养基为（　　）。

A. 庆大霉素平板　　B. SS 琼脂　　C. 卡那霉素平板　　D. 营养琼脂

5. 关于志贺氏菌的生理特性描述正确的是（　　）。

A. 分解乳糖产酸、产气，有动力

B. 分解葡萄糖产酸，不产气，有动力

C. 分解葡萄糖产酸、产气，无动力

D. 分解葡萄糖产酸，不产气，无动力

三、简答题

1. 沙门氏菌的主要形态特征有哪些?

2. 单核细胞增生李斯特氏菌的中毒症状是什么?

3. 传播李斯特氏菌的食物有哪些?

项目七 食品微生物快速检测技术

项目目标

知识目标：1. 掌握微生物快速检测的方法及原理。
2. 熟悉微生物快速检测程序。
3. 了解食品微生物快速检测的优点及意义。

技能目标：1. 能够熟练进行食品菌落总数、大肠菌群、霉菌、酵母菌及常见致病菌快速检测。
2. 能对检测结果进行分析计算并填写规范的检验报告。

素质目标：1. 培养学生创新思维和可持续发展能力。
2. 培养学生忠于职守、爱岗敬业的品质，具有法律观念及安全意识。
3. 培养学生严谨认真、实事求是的职业素养。

链接相关标准

GB 4789.2—2022《食品安全国家标准　食品微生物学检验　菌落总数测定》；

SN/T 4544.1—2016《商品化试剂盒检测方法　菌落总数　方法一》；

T/CAFFCI 46—2021《化妆品微生物检验方法（定性）ATP　生物荧光增幅法》；

GB 4789.3—2016《食品安全国家标准　食品微生物学检验　大肠菌群计数》；

SN/T 4547—2017《商品化试剂盒检测方法　大肠菌群和大肠杆菌　方法一》；

GB 4789.15—2016《食品安全国家标准　食品微生物学检验　霉菌和酵母计数》；

SN/T 5090.2—2018《商品化试剂盒检测方法　霉菌和酵母菌　方法二》；

GB 4789.4—2024《食品安全国家标准　食品微生物学检验　沙门氏菌检验》；

SN/T 4545.4—2022《商品化试剂盒检测方法　沙门氏菌　方法四》；

SN/T 4546—2017《商品化试剂盒检测方法　金黄色葡萄球菌　方法一》；

SN/T 0973—2010《进出口肉、肉制品及其他食品中肠出血性大肠杆菌 O157:H7 检测方法》。

衔接1+X

可食食品快速检验	
检测及记录	质量控制与结果报告
1. 能按操作规程开展食品微生物快速检验。 2. 能审核原始记录信息的准确性。 3. 能识别检测过程规范性，并对不符合内容提出改进措施。	1. 能按照质量控制方案实施有效的质量控制。 2. 能按要求对检测数据进行归类存放。 3. 能对检测结果有效性进行分析。

任务一　菌落总数的快速检测

【必备知识】

一、纸片法

菌落总数快速测试片法使用一种预先制备好的、含有标准培养基和指示剂的测试系统，微生物在测试片上生长时，代谢产物与指示剂发生反应，从而使细菌着色，经加样、培养后，在测试片上显现出显色菌落，计数后计算菌落总数，报告检测结果。

二、 ATP 生物发光法

ATP（三磷酸腺苷）普遍存在于包括微生物在内的一切活细胞内，当萤光素酶系统和 ATP 接触时就会发光。萤火虫萤光素酶是一种高效生物催化剂，当有 Mg^{2+} 存在时，它能以萤光素、ATP 和 O_2 为底物，催化 D-萤光素氧化脱羧，将化学能转变成光能，最大发射波长为 562nm，但酶结构不同则发射光略有不同。光强度与食品中微生物的 ATP 含量成正比。细菌 ATP 含量因不同种、生长条件、菌龄、抑制剂或有害化学物质存在有很大变化。

如果样品中污染了微生物，用 ATP 提取试剂与样品混合，使细胞膜和细胞壁开孔，提取出 ATP，然后再与荧光素和萤光素酶生物发光试剂作用，用荧光仪进行测定，再通过配套的软件，可将发光量换算成微生物数。

研究表明，各生长期的细菌均有较恒定水平的 ATP 含量，因此，提取细菌的 ATP，利用生物发光法测出 ATP 含量后，即可推算出样品中的含菌量，整个过程仅为十几分钟。由于生物发光法无需培养微生物过程，操作简便、灵敏度高，在短时间内即可得到检测结果，具有其他微生物检测方法无可比拟的优势，是目前检测微生物最快的方法之一。

【任务实施】

菌落总数的快速测定（纸片法）

子任务1 菌落总数的快速检测——纸片法

1. 材料准备

（1）仪器和设备 恒温培养箱、冰箱（2～5℃）、天平（感量为0.1g）、均质器、振荡器、pH计（或其他pH检测器材）、菌落计数器或放大镜。

（2）材料和试剂 快速菌落总数测试片、磷酸盐缓冲液、生理盐水、1mol/L NaOH溶液、1mol/L HCl溶液、无菌锥形瓶（容量250mL）、无菌均质杯或均质袋、无菌吸管[1mL（具0.01mL刻度）、10mL（具0.1mL刻度）]或微量移液器及吸头。

（3）菌落总数快速检验程序 如图7-1所示。

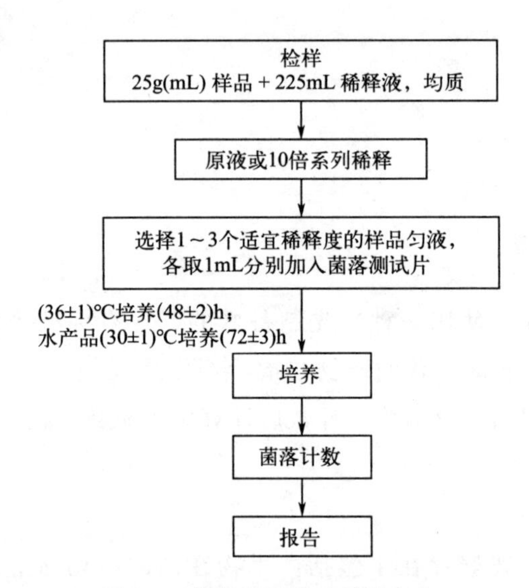

图7-1 菌落总数快速检验程序

2. 工作流程

各小组查询和学习GB 4789.2—2022《食品安全国家标准 食品微生物学检验 菌落总数测定》及T/CGCC 58—2021《食品中菌落总数的快速测定 测试片法》中有关菌落总数测定的规定，确定本任务所需用品种类及数量的清单→准备和清点材料→设计任务实施方案→讨论、修改方案→任务实施→反馈改进。

3. 操作步骤

（1）样品制备

① 固体和半固体样品。称取25g样品置于盛有225mL磷酸盐缓冲液或生理盐水的无菌均质杯内，以8000～10000r/min均质1～2min，或放入盛有225mL磷酸盐缓冲液或生

理盐水的无菌均质袋中，用拍击式均质器拍打1～2min，制成1∶10的样品匀液。

② 液体样品。以无菌吸管吸取25mL样品置于盛有225mL磷酸盐缓冲液或生理盐水的无菌锥形瓶（瓶内预置适当数量的无菌玻璃珠）中，充分混匀，或放入盛有225mL磷酸盐缓冲液或生理盐水的无菌均质袋中，用拍击式均质器拍打1～2min，制成1∶10的样品匀液。

③ 必要时用1mol/L NaOH或1mol/L HCl调节样品匀液的pH值。

（2）样品的稀释

① 用1mL无菌吸管或微量移液器吸取1∶10样品匀液1mL，沿管壁缓慢注于盛有9mL磷酸盐缓冲液或生理盐水的无菌试管中（注意吸管或吸头尖端不要触及液面），振摇试管或换用1支无菌吸管或无菌吸头反复吹打使其混合均匀，制成1∶100的样品匀液。

② 按①操作程序，制备10倍系列稀释样品匀液。每递增稀释一次，换用1次1mL无菌吸管或吸头。

（3）接种　根据对样品污染状况的估计，选择1～3个适宜稀释度的样品匀液（液体样品可包括原液）进行测定。样品匀液的pH值应在5.0～8.0之间，每个稀释度接种两个测试片，同时分别吸取1mL磷酸盐缓冲液或生理盐水加入两个测试片上作空白对照。

测试片操作如下：将快速菌落总数测试片水平放置，掀起上层膜将1mL样液垂直滴加到底层中央处。将上层膜缓慢落下，防止样液溢出，避免产生气泡，切勿使上层膜直接落下。然后将压板放置于上层膜的中央处。轻按压板，使样液均匀覆盖于培养基上，切勿扭转压板。拿起压板后，静置至少1min，以使培养基凝固。

（4）培养　将测试片的透明面朝上，水平置于培养箱内，可堆叠至30片，(36±1)℃条件下培养(48±2)h。水产品于(30±1)℃培养(72±3)h。如有产品标准等特殊要求，则按相应的标准或要求进行。

（5）计数

① 培养结束后立即计数，细菌在测试片上生长后会显示红色圆形斑点，可肉眼观察计数，必要时用菌落计数器或放大镜计数。记录稀释倍数和相应菌落数，菌落计数以CFU表示。

② 选取菌落数在30～300CFU之间的测试片计数所有显色菌落。低于30CFU的测试片记录具体菌落数，大于300CFU的可记录为多不可计。

③ 当细菌浓度很高时，整个测试片会变色，结果记录为多不可计；或者测试片中央没有可见菌落，而培养膜的边缘有很多小的菌落，其结果也记录为多不可计。

④ 某些微生物会液化凝胶，造成局部扩散或菌落模糊的现象。如果液化现象干扰计数，可以计数未液化的面积来估算菌落数。

（6）菌落总数的计算方法

① 若只有一个稀释度测试片上的菌落数在适宜计数范围内，计算两个测试片菌落数的平均值，再将平均值乘以相应稀释倍数，作为1g（mL）样品中菌落总数结果。

② 若有两个连续稀释度的测试片菌落数在适宜计数范围内时，按公式（7-1）计算：

$$N=\frac{\sum C}{(n_1+0.1n_2)d} \tag{7-1}$$

式中 N——样品中菌落数；

$\sum C$——测试片（含适宜范围菌落数的测试片）菌落数之和；

n_1——第一稀释度（低稀释倍数）测试片个数；

n_2——第二稀释度（高稀释倍数）测试片个数；

d——稀释因子（第一稀释度）。

③ 若所有稀释度的测试片上菌落数均大于300CFU，则对稀释度最高的测试片进行计数，其他测试片可记录为多不可计，结果按平均菌落数乘以最高稀释倍数计算。

④ 若所有稀释度的测试片菌落数均小于30CFU，则应按稀释度最低的平均菌落数乘以稀释倍数计算。

⑤ 若所有稀释度（包括液体样品原液）测试片均无菌落生长，则以小于1乘以最低稀释倍数计算。

⑥ 若所有稀释度的测试片菌落数均不在30～300CFU之间，其中一部分小于30CFU或大于300CFU时，则以最接近30CFU或300CFU的平均菌落数乘以稀释倍数计算。

(7) 菌落总数的报告

① 菌落总数小于100CFU时，按“四舍五入”原则修约，以整数报告。

② 菌落总数大于或等于100CFU时，第3位数字采用“四舍五入”原则修约后，取前2位数字，后面用0代替位数；也可用10的指数形式来表示，按“四舍五入”原则修约后，采用两位有效数字。

③ 若空白对照上有菌落生长，则此次检测结果无效。

④ 称重取样以CFU/g为单位报告，体积取样以CFU/mL为单位报告。

按国家标准进行菌落数的报告，完成表7-1填写。

表7-1 菌落总数快速测定结果记录

样品浓度	纸片1的菌落数	纸片2的菌落数	结果	结论
10^{-2}				
10^{-3}				
10^{-4}				
对照（空白）				

(8) 注意事项

① 此法可用于各类食品中菌落总数的测定。与传统方法相比，省去了配制培养基、消毒和培养器皿的清洗处理等大量辅助性工作，随时可以开始进行抽样检测，而且操作简便，通过显色剂的作用，使菌落提前清晰地显现出来，培养十几小时就开始出现红色菌斑，适合于食品卫生检验部门和食品生产企业使用。

② 若对菌落做进一步的分离和鉴定，只需揭开上盖膜，用接种针挑取凝胶上的菌落即可。

③ 试剂盒需存放在10℃以下冰箱中，并在保质期内使用完。

④ 测试片在使用之后可能包含微生物，须在121℃经30min高压蒸汽灭菌处理后严格遵守生物危害废弃物的处置规定处理。

4. 任务评价及考核

(1) 完成菌落总数快速测定原始记录表的填写。

(2) 对纸片法快速测定菌落总数的步骤、结果报告进行自评和小组互评。

(3) 教师考核各小组操作的准确性。

(4) 根据师生评价结果及时改进。

子任务2　菌落总数的快速检测——ATP生物发光法

1. 材料准备

(1) 仪器与设备　摇床培养箱；轨道式往复式摇床；生物安全柜；漩涡混合器；高压灭菌器；电子天平；移液器；玻璃珠；旋盖玻璃瓶或其他无菌/可灭菌容器；量筒；烧杯；pH计；全自动ATP荧光仪。

(2) 培养基和试剂　ATP提取液，生物荧光试剂；胰酪胨卵磷脂吐温肉汤（TAT）基础培养基，改良胰酪胨卵磷脂吐温肉汤（MTAT）培养基；消泡剂（聚二甲基硅氧烷大颗粒乳液或其他等效产品）；ATP生物荧光增幅法试剂盒或其他等效产品；待检化妆品样品。

2. 工作流程

各小组查询和学习T/CAFFCI 46—2021《化妆品微生物检验方法（定性） ATP生物荧光增幅法》中有关规定，确定本任务所需用品种类及数量的清单→准备和清点材料→设计任务实施方案→讨论、修改方案→任务实施→反馈改进。

3. 操作步骤

(1) 检液制备　按照国标方法规定的供试样品制备方法，制成1∶10稀释的检液，制备中使用MTAT或其他经验证的适宜中和剂作为稀释液。

(2) 增菌　取10mL 1∶10稀释的检液，加入90mL MTAT或其他经过验证等效的培养基中，制备成产品试样，如产品抑菌性较强，可采用增加培养基用量、添加中和剂或薄膜过滤等方法，消除产品抑菌作用。将培养基置于摇床培养箱中于（30±2)℃，200～250r/min振荡培养48h。另取100mL MTAT作为培养基空白按上述方法一同培养。

(3) 上机检测　在100mL产品试样中加入15g玻璃珠和0.1mL消泡剂，置往复式摇床上以280r/min振荡处理30min。

取破壁处理后的产品试样50μL上机检测，按照仪器和试剂使用说明书进行操作，完成 ATP 生物荧光增幅法检测。同时取培养基空白 50μL 两平行以同样方法上机检测。

上机检测方法如下：

① 向 50μL 产品试样中加入细胞裂解剂和 ADP 底物试剂各 100μL，以裂解微生物细胞并开始 ATP 增幅反应；

② 向产品试样中加入萤光素酶试剂 100μL 开始荧光反应，由全自动荧光光度计读取相对荧光强度值（RLU）。

（4）结果判读　检测完成后使用软件进行数据处理和结果判读。

① 结果判读标准。以未加产品试样的 MTAT 检测所得荧光信号均值（RLU）为培养基空白荧光值，通常情况下按下列公式计算阳性阈值：

$$阳性阈值=3\times培养基空白荧光值$$

a. 产品试样 RLU 值≥阳性阈值，判定为阳性；

b. 产品试样 RLU 值＜阳性阈值，判定为阴性。

② 结果报告。

a. 结果为阴性者，表明在该检验条件下被检样品未检出微生物；

b. 结果为阳性者，需按《化妆品安全技术规范》中微生物检验方法进行确证。

将检验结果记录于表 7-2 中。

表 7-2　菌落总数原始结果记录

样品名称			仪器名称及编号				检验日期	
室温/℃			湿度/%				培养日期	
样品编号	执行标准	标准要求称样量/g	试验数据				结果/g	结论
						空白		

4. 任务评价及考核

（1）完成菌落总数快速测定原始记录表的填写。

（2）对 ATP 生物发光法快速测定菌落总数的步骤、结果报告进行自评和小组互评。

（3）教师考核各小组操作的准确性。

（4）根据师生评价结果及时改进。

【拓展知识】

其他菌落总数快速测定技术

1. 阻抗法

阻抗法是20世纪70年代初期发展起来的一项新技术，是通过测量微生物代谢引起的培养基导电特性变化来测定样品中微生物含量的一种快速检测方法，根据测量电极是否直接与培养基接触将检测方法分为直接阻抗测量法和间接阻抗测量法。该方法具有敏感性高、反应快速、特异性强、重复性好等优点，能够迅速检测食品中的微生物数量，也能够为微生物菌种鉴定提供有力依据。例如，法国生物梅里埃公司的Bactometer系统便是基于电阻抗法的全自动微生物监测系统，已广泛用于乳制品、肉制品、海产品、蔬菜、冷冻食品、糖果、糕点、饮料、化妆品中的总菌数、大肠菌群、霉菌和酵母菌计数以及乳酸菌、嗜热菌等的测试，操作方便、快速，结果准确。该法在我国被应用在鲜奶中大肠菌群的快速检测。Bactometer可同时用电阻抗、容抗或总阻抗3种参数进行监测，可同时处理64～512个样本。

2. 旋转平板法

即把液态样品螺旋式并不断稀释地接种到一个旋转的培养皿中。这一系统在国内外已被广泛采用。旋转平板法的原理是，检样悬液被螺旋平板注入器连续不断地注入到旋转着的琼脂平板的表面，在平板表面形成阿基米德螺旋形轨迹，当用于分液的空心针从平板中心移向边缘时，菌液体积减小，注入的体积和琼脂半径间存在着指数关系。培养时菌落沿注液线生长。用一计数的方格来校准与琼脂表面不同区域有关的样品量，计数每个区域的已知菌落数，再计算细菌浓度。

该法的优越性在于：所用的琼脂少；所需的培养皿、稀释液空白、吸管少；每小时检测的样品多；每小时可涂布50～60个平板，且操作中不需调试。其缺点是样品中的颗粒可能会使注射器的针头堵塞，因此更适合于牛乳等液体食品。

3. 疏水性栅格滤膜法或等格法

用疏水性栅格滤膜（HGMF）过滤样品液，先经5μm网眼的初滤膜过滤除去食品颗粒（每个样品各需要一套），再通过孔径为0.45μm的滤膜；然后将滤膜置于相应的固体培养基中培养，最后计数菌落总数。疏水性的栅格作为栅栏以防止菌落的扩散，保证了所有菌落都是正方形的，便于人工或机械计数。该法根据选用的培养基不同，既可用于菌落总数的测定，也可用于大肠菌群、粪大肠菌群和大肠埃希菌的计数，亦可用于霉菌和酵母菌计数。此外还可根据菌落在培养基上产生的不同颜色来分类计数。

4. 直接外荧光滤过技术（DEFT）

直接外荧光滤过技术是测定乳、肉、禽和禽制品、鱼和鱼制品、水果和蔬菜、啤酒和葡萄酒、辐射食品等食品及水中的微生物的一种快速方法。它主要利用紫外线显微镜来进行。首先用一特殊滤膜过滤样品，经吖啶橙染色后，用紫外线显微镜观察，活细胞呈橙色荧光，死细胞呈绿色荧光。

吖啶橙染色计数法在国外已逐步作为细菌计数的一种标准方法，应用于水、食品等领域。

任务二　大肠菌群的快速检测

【必备知识】

一、概述

大肠菌群快速检验的纸片法于20世纪90年代被纳入食（饮）具、公共场所卫生和医院感染等待测物体表面消毒卫生标准，作为餐具、饮具或其他物体表面消毒效果检测的法定方法之一。此后，纸片法又被应用到食品、饮料、水质等样品的大肠菌群检测，作为单位自检或部门行业、地方标准，大大提高了工作效率。纸片法检测大肠菌群，简便易行、节省成本、结果准确、工作效率高，是微生物诸多快检方法中较成熟的方法之一，目前已广泛应用于食品检验。传统的大肠菌群测定方法具有检测程序烦琐，检测周期冗长的缺点。而现行的一些快速检测方法大大缩短了检测时间，简化了实验操作，准确性与符合率较高，与国家标准发酵法结果相近。

二、微生物测试片法

微生物测试片是一种将脱水培养基附着于无纺布棉垫上的即用型检测产品，广泛应用于食品和环境卫生监测。大肠杆菌/大肠菌群测试片法是用一种预先制备的含有指示剂及冷水可溶性凝胶的培养基系统进行微生物培养的方法。

大肠杆菌/大肠菌群测试片含有VRB（violer red bile）培养基和β-葡萄糖苷酸酶指示剂，大肠杆菌产生的β-葡萄糖苷酸酶与培养基中的指示剂反应，显示为蓝色并带有气泡的特征菌落；大肠菌群细菌发酵乳糖产酸产气，与pH指示剂反应显示为红色并带有气泡的特征菌落。

【任务实施】

大肠菌群的快速检测——纸片法

1. 材料准备

（1）仪器与设备　恒温培养箱［(36±1)℃］；电子天平（感量0.1g）；均质器（旋刀

式或拍击式）或等效的设备；pH 计或精密 pH 试纸（精密度 0.1）；测试片压板；放大镜或/和菌落计数器；移液管［1mL（具 0.01mL 刻度）、10mL（具 0.1mL 刻度）］或移液器及吸头。

（2）培养基和试剂　无菌生理盐水、磷酸盐缓冲液、1mol/L NaOH、1mol/L HCl、大肠菌群测试片等。

（3）大肠菌群快速检测程序　如图 7-2 所示。

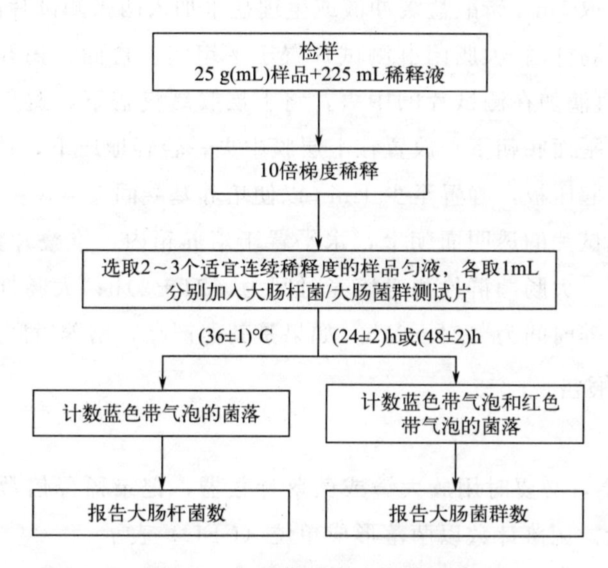

图 7-2　大肠菌群快速检测程序

2. 工作流程

各小组查询和学习 SN/T 4547—2017《商品化试剂盒检测方法　大肠菌群和大肠杆菌　方法一》中有关规定，确定本任务所需用品种类及数量的清单→准备和清点材料→设计任务实施方案→讨论、修改方案→任务实施→反馈改进。

3. 操作步骤

（1）样品制备

① 固体和半固体样品。称取 25g 样品置于盛有 225mL 磷酸盐缓冲液或生理盐水的无菌均质杯中，以 8000～10000r/min 均质 1～2min，或放入盛有 225mL 磷酸盐缓冲液或生理盐水的无菌均质袋中，用拍击式均质器拍打 1～2min，制成 1∶10 的样品匀液。

② 液体样品。以无菌吸管吸取 25mL 样品置于盛有 225mL 磷酸盐缓冲液或生理盐水的无菌锥形瓶（瓶内预置适当数量的无菌玻璃珠）中，充分混匀，制成 1∶10 的样品匀液。样品匀液的 pH 值应为 6.5～7.5，pH 值过低或过高时可分别采用 1mol/L NaOH 或 1mol/L HCl 予以调节。如为冷冻产品，应在 45℃以下不超过 15min，或 2～5℃不超过 18h 解冻。

③ 用 1mL 无菌吸管或微量移液器吸取 1∶10 样品匀液 1mL，沿管壁缓缓注入含有

9mL 磷酸盐缓冲液或生理盐水的无菌试管中（注意吸管或吸头尖端不要触及稀释液面），振摇试管，使其混合均匀，制成 1∶100 的样品匀液。

④ 按③操作程序依次制成 10 倍递增系列稀释样品匀液。每递增稀释 1 次，换用 1 支 1mL 无菌吸管或吸头。从制备样品匀液至样品接种完毕，全过程不得超过 15min。

（2）样品匀液的接种和培养　根据对样品的污染状况的估计及相关限量要求，选取 2～3 个适宜的连续稀释度的样品匀液（液体样品可以选择原液），每个稀释度接种 2 张测试片。同时，分别吸取 1mL 磷酸盐缓冲液或生理盐水加入两张测试片内作为空白对照。

（3）接种　将大肠杆菌/大肠菌群测试片置于平坦实验台面，揭开上层膜，用吸管吸取 1mL 样品匀液垂直滴加在测试片的中央，将上层膜缓慢盖下，避免气泡产生和上层膜直接落下，把压板（平面底朝下）放置在上层膜中央，轻轻地压下，使样液均匀覆盖于圆形的培养面积上。拿起压板，静置至少 1min 以使培养基凝固。

（4）培养　将测试片的透明面朝上，水平置于培养箱内，堆叠片数不超过 20 片，培养温度为（36±1）℃。大肠菌群检测时培养时间为（24±2）h；大肠杆菌检测时，如果是肉、家禽或水产品培养时间为（24±2）h，如果是其他产品，培养时间为（48±2）h。

4. 结果计算与报告

（1）判读

① 可用肉眼观察，必要时用放大镜或菌落计数器，记录稀释倍数和相应的大肠菌群或大肠杆菌菌落数量。菌落计数以菌落形成单位（CFU）表示。

② 在大肠杆菌/大肠菌群测试片上，蓝色有气泡的菌落确认为大肠杆菌。蓝色有气泡和红色有气泡的菌落数之和为大肠菌群数。测试片圆形面积边缘上及边缘以外的菌落不做计数。出现大量气泡形成、不明显的小菌落，培养区呈蓝色或暗红色时，进一步稀释样品可获得准确的读数。

（2）菌落计数

① 选取菌落数在 15～150CFU 之间的测试片计数大肠菌群或大肠杆菌菌落总数。低于 15CFU 的测试片记录具体菌落数，大于 150CFU 的记录为多不可计。每个稀释度的大肠菌群或大肠杆菌菌落数应采用两个测试片的平均数。

② 若只有一个稀释度的测试片的菌落数在适宜计数范围内，计算两个测试片大肠菌群或大肠杆菌菌落数的平均值，再将平均值乘以相应稀释倍数，作为每克（或每毫升）样品中大肠菌群或大肠杆菌菌落总数结果。

③ 若有两个连续稀释度的测试片菌落数在适宜计数范围内，按式（7-2）计算。

$$N=\frac{\Sigma C}{(n_1+0.1n_2)d} \tag{7-2}$$

式中　N——样品中大肠杆菌/大肠菌群菌总数；

ΣC——测试片（含适宜范围菌落数的测试片）菌落数之和；

n_1——第一稀释度（低稀释倍数）测试片个数；

n_2——第二稀释度（高稀释倍数）测试片个数；

d——稀释因子（第一稀释度）。

④ 若所有稀释度测试片上的菌落数都小于 15CFU，则应按稀释度最低的测试片上的平均菌落数乘以稀释倍数计算。

⑤ 若所有稀释度（包括液体样品原液）的测试片上均无菌落生长，则以小于 1 乘以最低稀释倍数计算。

⑥ 若所有稀释度的测试片菌落数均不在 15～150CFU 之间，其中一部分小于 15CFU 或大于 150CFU 时，则以最接近 15CFU 或 150CFU 的平均菌落数乘以稀释倍数计算。计数菌落数大于 150CFU 的测试片时，可计数一个或两个具有代表性的方格内的菌落数，换算成单个方格内的菌落数后乘以 20 即为测试片上估算的菌落数（圆形生长面积为 $20cm^2$）。

（3）报告

① 大肠杆菌/大肠菌群总数小于 100CFU 时，按照“四舍五入”原则进行修约，以整数报告。

② 大肠杆菌/大肠菌群总数大于或者等于 100CFU 时，第 3 位数字采用“四舍五入”原则修约后，取前 2 位数字，后面用 0 代替位数；也可用 10 的指数形式来表示，按“四舍五入”原则修约后，采用两位有效数字。

③ 若空白对照上有菌落生长，则此次检测结果无效。

④ 称重取样以 CFU/g 为单位报告，体积取样以 CFU/mL 为单位报告。

5. 任务评价及考核

（1）完成大肠菌群快速检测原始记录表的填写。

（2）对纸片法快速测定大肠菌群的步骤、结果报告进行自评和小组互评。

（3）教师考核各小组操作的准确性。

（4）根据师生评价结果及时改进。

任务三　霉菌、酵母菌的快速检测

【必备知识】

霉菌酵母菌测试片由营养培养基、吸水凝胶和酶显色剂等组成。霉菌酵母菌测试片法是用一种预先制备的含有指示剂及冷水可溶性凝胶的培养基系统进行霉菌和酵母菌快速计数的方法。

该测试片的检测原理是利用了特异性酶与特异性显色底物反应的原理，使目标菌与非目标菌呈现不同的特异性颜色。霉菌和酵母菌在纸片上生长后会显示蓝色斑点（如图 7-3

所示)，对其进行计数即可。霉菌菌落显示的斑点略大或有点扩散，酵母菌落则较小而圆滑，许多霉菌在培养后期会呈现其本身特有的颜色。选择菌落数适中（10～150CFU）的纸片进行计数，乘以稀释倍数后即为每克（或毫升）样品中霉菌和酵母菌的数目。

彩图

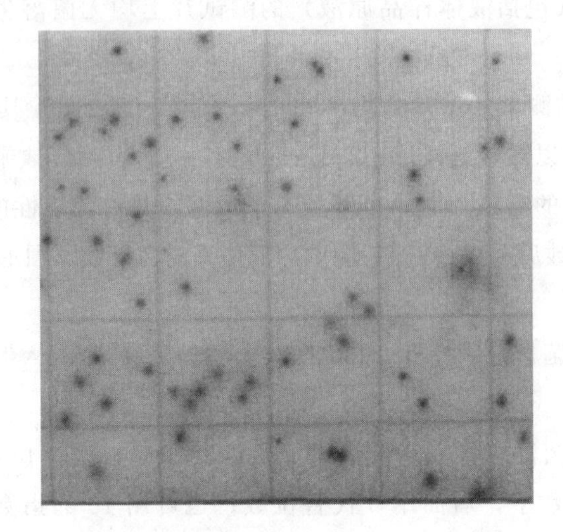

图 7-3　霉菌酵母菌在测试片上的菌落

与传统方法相比，本法省去了配制培养基、消毒和培养器皿的清洗处理等大量辅助性工作，随时可以开始进行抽样检测，而且操作简便，通过酶显色剂的放大作用，可使菌落提前清晰地显现出来，培养时间由一周缩短为 72h 以内。可用于各类食品（如糕点、饼干等）中霉菌和酵母菌的计数，非常适合于食品卫生检验部门和食品生产企业使用。

【任务实施】

纸片法快速测定糕点中霉菌和酵母菌

1. 材料准备

（1）设备和材料　恒温培养箱（25～28℃）；电子天平（感量 0.1g）；均质器（旋刀式或拍击式）或等效的设备（8000～10000r/min）；pH 计或精密 pH 试纸（精密度 0.1）；测试片压板；放大镜或/和菌落计数器；移液管［1mL（具 0.01mL 刻度）、10mL（具 0.1mL 刻度）］或电子移液器。

（2）培养基和试剂　无菌生理盐水、磷酸盐缓冲液、1mol/L NaOH、1mol/L HCl、Petrifilm™快速霉菌酵母菌测试片（由 3M 公司生产）。

（3）霉菌酵母菌快速检测程序　如图 7-4 所示。

2. 工作流程

各小组查询和学习 GB 4789.15—2016《食品安全国家标准　食品微生物学检验　霉菌和酵母计数》和 SN/T 5090.2—2018《商品化试剂盒检测方法　霉菌和酵母菌　方法

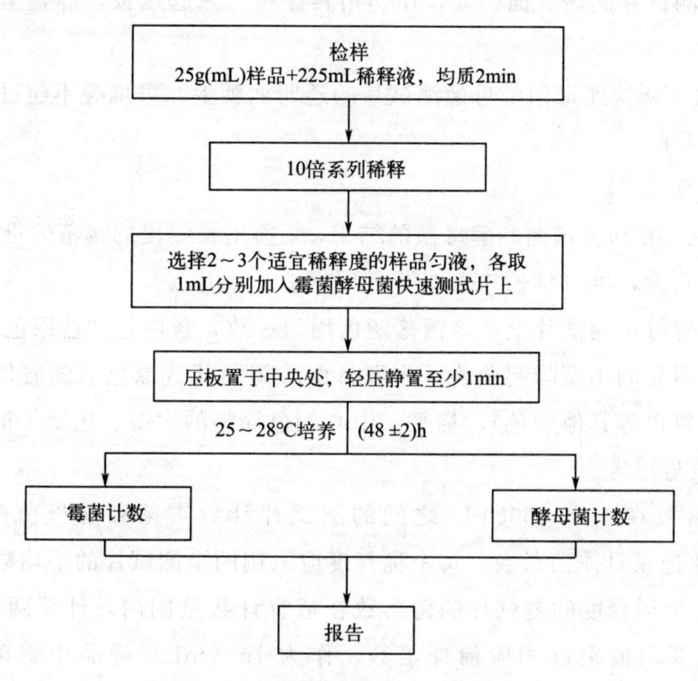

图 7-4 霉菌酵母菌快速检测程序

二》中有关规定，确定本任务所需用品种类及数量的清单→准备和清点材料→设计任务实施方案→讨论、修改方案→任务实施→反馈改进。

3. 操作步骤

(1) 样品处理

① 固体和半固体样品。称取 25g 样品置于盛有 225mL 稀释液（磷酸盐缓冲液或生理盐水）的无菌均质杯内，以 8000～10000r/min 均质 1～2min，或放入含 225mL 稀释液的无菌均质袋中，用均质器拍打 2min，使食品中的霉菌充分释放，制成 1：10 的样品匀液。

② 液体样品。以无菌吸管吸取样品 25mL 放入装有 225mL 稀释液（磷酸盐缓冲液或生理盐水）的无菌玻璃瓶（瓶内预置适当数量的玻璃珠）中，以 30cm 幅度、于 7s 内振摇 25 次（或以机械振荡器振摇），制成 1：10 的样品匀液。样品匀液的 pH 值应为 6.5～7.5，pH 值过低或过高时可分别采用 1mol/L NaOH 或 1mol/L HCl 予以调节。如为冷冻产品，应在 45℃以下不超过 15min，或 2～5℃不超过 18h 解冻。

(2) 样品匀液的接种和培养　根据对样品的污染状况的估计及相关限量要求，选取 2～3 个适宜的连续稀释度的样品匀液（液体样品可以选择原液），每个稀释度接种 2 张测试片。同时，分别吸取 1mL 稀释液（磷酸盐缓冲液或生理盐水）加入两张测试片内作为空白对照。

① 接种。将测试片置于平坦表面处，揭开上层膜。使用吸管将 1mL 样液垂直滴加在测试片中央处。允许上层膜直接落下，切勿向下滚动上层膜。手拿压板手柄处，将压板放置在快速霉菌酵母菌测试片上层膜中央处，平稳地压下，使样液在凝固前可以均匀覆盖于

快速霉菌酵母菌测试片的培养面积上，切勿扭转压板。拿起压板，静置至少 1min 以使培养基凝固。

② 培养。将 3M 快速霉菌酵母菌测试片的透明面朝上，可堆叠不超过 40 片，于 25～28℃培养（48±2)h。

(3) 结果计算

① 判读。在 48h 判读霉菌和酵母菌的结果，某些生长缓慢的霉菌酵母菌在 48h 菌落不明显，为了加强判读，可以延长 12h 的培养时间。

在快速霉菌酵母菌测试片上，将菌落颜色均匀一致，灰白色到蓝绿色或粉红色，没有暗色中心、边界明显的小型隆起菌落计为酵母菌。将菌落蓝绿色（随着培养时间的延长，可能会有黄色、黑色等其他颜色）、扁平、中心颜色深暗的大型、边缘扩散菌落计为霉菌。

② 菌落计数与报告。

a. 选取菌落数在 15～150CFU 之间的测试片计数霉菌和酵母菌菌落总数。低于 15CFU 的测试片记录具体菌落数。每个稀释度应采用两个测试片的平均数。

b. 若只有一个稀释度的测试片的菌落数在适宜计数范围内，计算两个测试片菌落数的平均值，再将平均值乘以相应稀释倍数，作为 1g（mL）样品中霉菌和酵母菌总数结果。

c. 若有两个连续稀释度的测试片菌落数在适宜计数范围内，按式（7-3）计算。

$$N=\Sigma a/[(n_1+0.1n_2)d] \tag{7-3}$$

式中 N——样品中霉菌和酵母菌总数；

Σa——测试片（含适宜范围菌落数的平板）霉菌和酵母菌菌落数之和；

n_1——第一稀释度（低稀释倍数）测试片个数；

n_2——第二稀释度（高稀释倍数）测试片个数；

d——稀释因子（第一稀释度）。

d. 若所有稀释度测试片上的菌落数都小于 15CFU，则应按稀释度最低的测试片上的平均菌落数乘以稀释倍数计算。

e. 若所有稀释度（包括液体样品原液）的测试片上均无菌落生长，则以小于 1 乘以最低稀释倍数计算。

f. 若所有稀释度的测试片菌落数均不在 15～150CFU 之间，其中一部分小于 15CFU 或大于 150CFU 时，则以最接近 15CFU 或 150CFU 的平均菌落数乘以稀释倍数计算。计数菌落数大于 150CFU 的测试片时，可计数一个或两个具有代表性的方格内的菌落数，换算成单个方格内的菌落数后乘以 30 即为测试片上估算的菌落数（圆形生长面积为 $30cm^2$）。

(4) 报告

① 霉菌和酵母菌总数小于 100CFU 时，按“四舍五入”原则修约，以整数报告。

② 霉菌和酵母菌总数大于或等于 100CFU 时，第 3 位数字采用“四舍五入”原则修约后，取前 2 位数字，后面用 0 代替位数；也可用 10 的指数形式来表示，按“四舍五入”

原则修约后，采用两位有效数字。

③ 若空白对照上有菌落生长，则此次检测结果无效。

④ 称重取样以 CFU/g 为单位报告，体积取样以 CFU/mL 为单位报告。

将结果填入表 7-3 中。

表 7-3 霉菌酵母菌快速测定结果记录

样品浓度	纸片 1 的菌落数	纸片 1 的菌落数	结果	结论
10^{-1}				
10^{-2}				
10^{-3}				
对照（空白）				

（5）注意事项

① 使用过的测试纸片上带有活菌，应及时按照生物安全废弃物处理原则进行无害化处理，方可丢弃。

② 由于霉菌常以孢子的形式在空气中到处传播，因此检验霉菌时需要特别小心操作，取样用品、稀释用水和吸管吸头等都需仔细消毒，接种时尽量避免空气流动。

③ 测试片建议在冷藏条件下（2～8℃）存放，开封后的测试片应使用透明胶带密封后，低温、避光、干燥保存，并在 1 个月内使用完。在高湿度的环境中可能出现冷凝水，最好在拆封前将整包回温至室温。

4. 任务评价及考核

（1）完成霉菌酵母菌快速检测原始记录表的填写。

（2）对纸片法快速测定霉菌酵母菌的步骤、结果报告进行自评和小组互评。

（3）教师考核各小组操作的准确性。

（4）根据师生评价结果及时改进。

【拓展知识】

流式细胞技术

流式细胞技术（flow cytomertry，FCM）是 20 世纪发展起来的一种计算连续流体中细胞数量的技术，是一种可以对细胞或亚细胞结构进行快速测量的新型定量分析和分选技术。流式细胞技术具有操作简便、灵敏度高及测定速度快等优点，一般情况下，每秒可测 5000 个细胞，能迅速分析和计数细胞，并能准确统计群体中荧光标记细胞的比例。流式细胞技术应用广泛，既可用于测定细胞活力、繁殖周期和对细胞进行定量分析，也可区别死亡细胞、分裂细胞和静止细胞群，既可测定 DNA 和 RNA，又可测蛋白质含量。

近几十年来，国内外都做了不少的研究和应用工作，也取得了不少成果。FCM 由于检测速度快、周期短，已经被应用于食品加工业、化妆品加工业、制药业和水质监测等行业。我国使用的流式细胞仪多为美国、日本等国的产品，国内有些单位也已研制成功，但尚无定型产品面市。随着仪器和方法的日臻完善，人们越来越致力于样品制备、细胞标记、软件开发等方面的工作，以扩大FCM的应用领域和使用效果。

任务四　食品原料中常见致病菌的快速检测

【必备知识】

一、概述

食源性微生物的危害一直是食品安全受关注的焦点之一。微生物污染造成的食源性疾病是世界食品安全中最突出的问题。常见的食源性致病菌如沙门氏菌、李斯特氏菌、大肠杆菌O157:H7、金黄色葡萄球菌、弯曲杆菌等对食品安全以及人类自身健康已构成了不容忽视的威胁。根据世界卫生组织的估计，全球每年发生食源性疾病数十亿人，发达国家发生食源性疾病的概率也相当高，平均每年有1/3的人群感染食源性疾病，其中食源性微生物引起的食源性疾病占37%。在世界范围内，由沙门氏菌引起的确诊患病人数显著增加。根据资料统计，在我国细菌性食物中毒中，有70%～80%是由沙门氏菌引起的。除此之外，由其他食源性病原体感染人的事件也常有报道。

快速、准确地检测食源性微生物，是确保食品安全的首要任务。致病菌常规检测方法包括反复增菌、菌落分离及多种生化和血清学鉴别实验，其检测结果虽然准确可靠，但整个过程需要3～7d，甚至更长时间，而且步骤复杂，难以适应飞速发展的现代食品生产和流通领域，也不能满足危害分析与关键控制点（HACCP）等食品质量与安全控制体系的需求。

二、沙门氏菌快速检测方法

目前，沙门氏菌的快速检测方法有荧光免疫技术、ELISA法、PCR法、测试片法等，这里做简单介绍。

1. 测试片法

沙门氏菌测试片将微生物的鉴定、分离合二为一，含有选择性培养基、沙门氏菌特有辛酯酶的显色指示剂和高分子吸水凝胶，运用微生物测试片专有技术，做成一次性快速检验产品，一步培养15～24h就可确认是否带有沙门氏菌。

2. 胶体金速测卡法

沙门氏菌胶体金速测卡采用免疫胶体金色谱技术制成。其结构如图 7-5 所示，采用“双抗体夹心法”的原理，通过抗体特异识别沙门氏菌特有的表面蛋白，判断样品中是否含有沙门氏菌。在加样孔中滴加待检样品后，如果待检样品中含有沙门氏菌，检测线 T 线和质控线 C 线同时显色，结果为阳性。反之，检测线 T 线不显色，质控线 C 线显色，结果为阴性。如果 C 线不显色，测试失败或检测卡失效（图 7-6）。

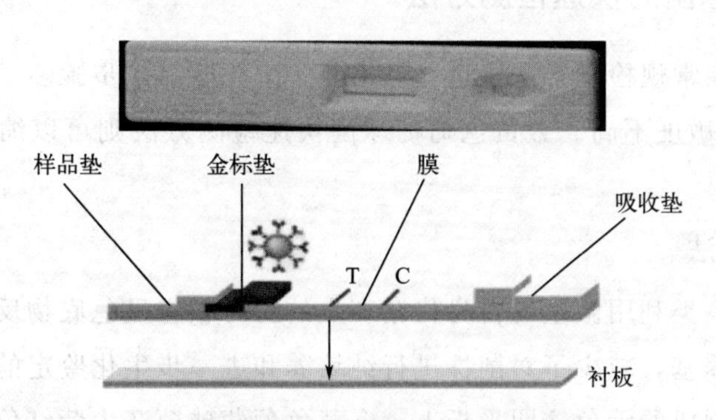

图 7-5　沙门氏菌胶体金速测卡的外部构造和内部结构

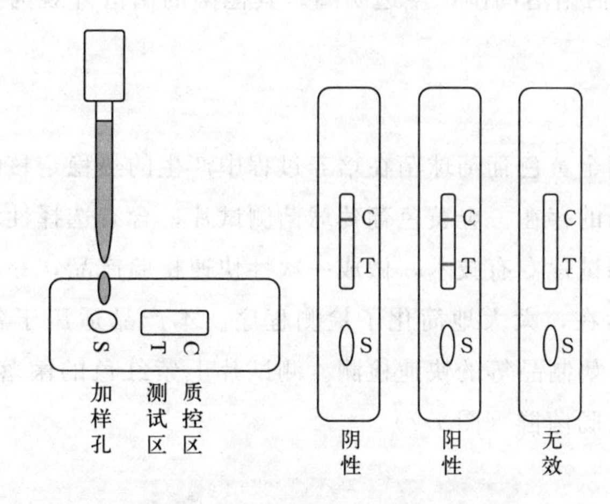

图 7-6　沙门氏菌胶体金速测卡的结果判读

3. 显色培养基法

用显色培养基对沙门氏菌进行鉴定，以经过改良的选择性培养基为基础，使沙门氏菌在选择性培养基上的菌落显示出特定的颜色，便于观察。其原理是利用目标菌特有的生理生化反应，将细菌特异性酶的显色底物加入培养基中，根据菌落颜色可对菌种进行鉴定。显色培养基法操作简单、方便，将食品样品增菌后直接划线于选择性培养基，于 37℃ 培养 18～24h，即可观察生长菌的颜色。

4. 荧光定量 RT-PCR 检测法

基于沙门氏菌 fimY 基因序列，进行引物和探针的设计，利用基因重组技术对检测的定量标准品进行构建，可借助荧光定量 RT-PCR 法对沙门氏菌进行检测。

5. 变性高效液相色谱检测法

该方法以 fimY 基因为靶基因，选择引物可实现对多重 PCR 体系的优化，由此可对沙门氏菌进行快速鉴别。该方法的特异性、灵敏性较高，其扩增产物为 284bp，可对沙门氏菌进行快速检验，并能进一步验证多重 PCR 的特异性。

三、金黄色葡萄球菌的快速检测方法

金黄色葡萄球菌常规检验方法（选择性培养、生化鉴定）步骤多、操作复杂、耗时长（需要 5d 左右）、灵敏度不高。金黄色葡萄球菌快速检测方法则可以缩短检测周期，提高检测效率。

1. 显色培养基法

显色培养基是一类利用微生物自身代谢产生的酶与相应显色底物反应显色的原理来检测微生物的新型培养基，减少了对菌株进行纯培养和进一步生化鉴定的步骤。在金黄色葡萄球菌显色培养基制成的无色透明平板上，金黄色葡萄球菌产生紫红色、红色或粉红色菌落，滴加 1mol/L 盐酸后菌落周围产生透明圈。其他菌的菌落外观为蓝色、无色、淡黄色或抑制不生长。

2. 快速测试片法

快速测试片法利用金黄色葡萄球菌在培养过程中产生的热稳定核酸酶与显色剂反应形成粉红色环来检测该菌的存在。金黄色葡萄球菌测试片，含有选择性培养基和专一性的酶显色剂，运用微生物测试片专有技术，做成一次性快速检验产品，一步培养 15～24h 就可确认是否有病原菌的存在，大大地简化了检测程序。本产品适用于各类生熟食制品、饮料、糕点类、调味品、奶制品等的快速检测。测试片上紫红色的菌落为金黄色葡萄球菌；呈蓝色的菌落为其他大肠菌群（图 7-7）。

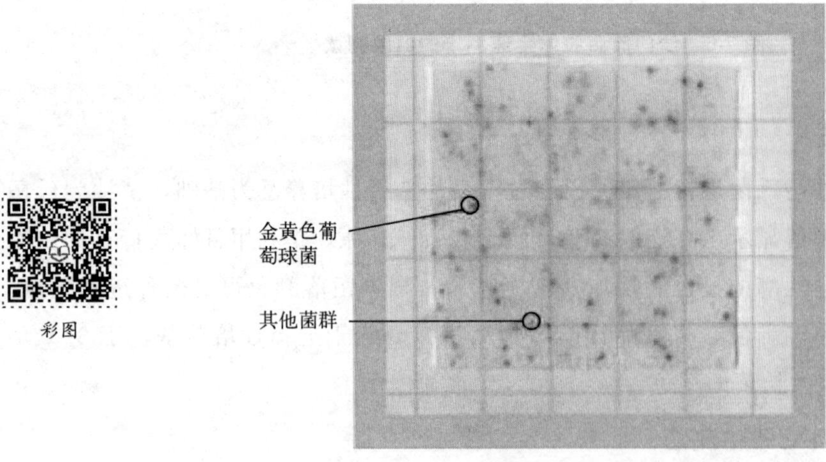

图 7-7　金黄色葡萄球菌在测试片上的菌落

四、大肠杆菌 O157:H7 快速检测方法

大肠杆菌 O157:H7 是一种肠道致病菌。从细菌学分类学上看，属肠杆菌科埃希菌属的大肠埃希菌种，即大肠杆菌种。在有致病性的大肠杆菌中，属致泻性大肠杆菌。在 5 种致泻性大肠杆菌中，大肠杆菌 O157:H7 属肠出血性大肠杆菌。即大肠杆菌 O157:H7 既是大肠杆菌的一个血清型，也是肠出血性大肠杆菌的一员。大多数大肠杆菌对人体无害，但大肠杆菌 O157 ：H7 却是一种危险的病原体，能引起人体的出血性腹泻及肠炎。该菌群的传播具有季节性，多发生于夏秋两季，若在临床检查中发现大肠杆菌 O157 ：H7，提示存在肠道感染性疾病。

O157:H7 大肠杆菌具有一般细菌的表面结构，即具有细胞膜、细胞壁、菌毛、鞭毛、荚膜和脂多糖，其表面的脂多糖，即菌体抗原 O 排第 157 位；其鞭毛抗原 H 排第 7 位。根据表面结构的特性将其命名为大肠杆菌 O157:H7。检测方法包括病原的分离鉴定及分子生物学方法、免疫学方法等。

1. 大肠杆菌 O157:H7（*E. coli* O157: H7）鉴别培养基及显色培养基

大肠杆菌 O157:H7 在改良选择性培养基上，其菌落呈特殊颜色，因而可与其他大肠杆菌或杂菌区分开。如山梨醇麦康凯琼脂（SMAC），就是利用大肠杆菌 O157:H7 迟缓发酵山梨醇的特征，用 1%山梨醇代替麦康凯琼脂中的乳糖。在此平板上大肠杆菌 O157:H7 菌落呈乳白色，而其他发酵山梨醇的大肠杆菌呈粉红色。在 SMAC 中添加微量抑制剂的 CT-SMAC 及 CR-SMAC 培养基，进一步提高了选择性。CT-SMAC 中添加了亚碲酸钾及头孢克肟（cefixime），能够更有效地抑制杂菌生长，减少背景，而对大肠杆菌 O157:H7 的生长几乎没有影响。另外一类根据菌落颜色来识别大肠杆菌 O157:H7 的培养基有法国梅里埃公司的“O157ID”，在此培养基上大肠杆菌 O157:H7 菌落呈蓝色，其他大肠杆菌呈紫色。此外还有法国科玛嘉的“大肠杆菌 O157:H7 显色培养基”等。

2. 金标免疫分析方法（GLISA）

增菌培养大肠杆菌 O157:H7，吸取增菌培养液加入检测卡的样品孔中，样品被涂有胶体金标记的抗大肠杆菌 O157:H7 特异性抗体的样品区所浸湿。若样品中含有大肠杆菌 O157:H7 抗原，则会与胶体金标记的抗体结合，并离开样品区，流向涂有抗大肠杆菌 O157:H7 抗体的检测区，免疫复合体被捕获并聚集，呈现一条检测色带。不管样品中是否含有大肠杆菌 O157:H7，样品剩余液都会继续流向膜顶端的试剂区，试剂区含有胶体金标记的合适抗原（颜色指示）形成阴性对照质控区，样品流经此区时被捕获并聚集呈现一条质控色带。质控带的出现可证明检测过程正常。

【任务实施】

子任务1　沙门氏菌的快速检测——测试片法

1. 材料准备

（1）试剂和材料　3M 沙门氏菌测试片快速检测系统［包含 3M 沙门氏菌增菌肉汤基础（SEB）、3M 沙门氏菌增菌肉汤补充物（SESUP）、3M 沙门氏菌测试片、3M 沙门氏菌确认片、3M 压板］；磷酸盐缓冲液（PBS）；无菌生理盐水；Rappaort-Vassiliadis R10 培养基。

（2）仪器和设备　冰箱（2～8℃）；均质器；移液管［1mL（具 0.01mL 刻度）、10mL（具 0.1mL 刻度）］或移液器及吸头；恒温培养箱［（41.5±1）℃］；电子天平（感量为 0.001g）。

（3）3M 沙门氏菌测试片快速检测系统检测程序　如图 7-8 所示。

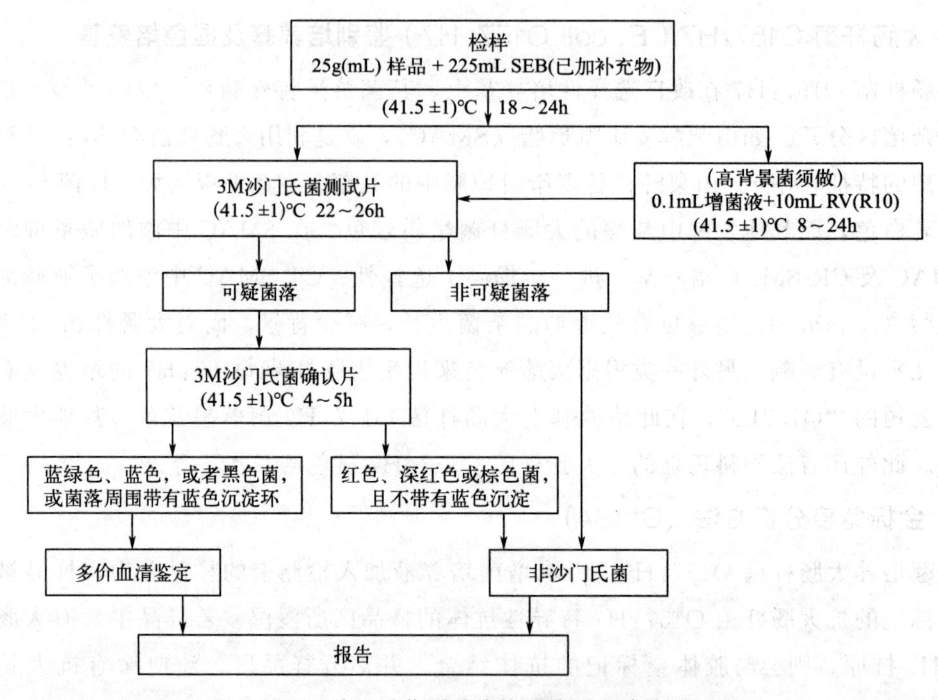

图 7-8　3M 沙门氏菌测试片快速检测系统检测程序

2. 工作流程

各小组查询和学习 SN/T4545.4—2022《商品化试剂盒检测方法　沙门氏菌　方法四》中有关规定，确定本任务所需用品种类及数量的清单→准备和清点材料→设计任务实施方案→讨论、修改方案→任务实施→反馈改进。

3. 操作步骤

（1）测试片水化　将 3M 沙门氏菌测试片放置在平坦且水平的表面，掀起上层薄膜，吸取（2.0±0.1）mL 无菌稀释剂（磷酸盐缓冲液、蒸馏水或者反渗水）垂直滴加在底层凝胶的中心位置，轻轻地将上层薄膜放下，避免产生气泡，将 3M 压板放在测试片中心，轻轻按压使稀释剂均匀覆盖于整个测试片的培养区域内，避光静置 1h 使凝胶成型。水化后的测试片室温（20～25℃）可避光储存 8h，密封于塑料袋中在－20～－10℃环境下可避光储存 5d。

(2) 样品制备及增菌培养　无菌操作称取 25g（mL）样品，置于盛有 225mL SEB［已加增菌补充物，预热到（41.5±1)℃］的无菌均质袋或合适容器内，彻底混匀，于(41.5±1)℃培养 18～24h。

对高背景菌样品（水产品、未加工的牛肉/禽肉、水果、蔬菜、原料奶、宠物产品的配料）必须进行 2 次增菌。轻轻摇动经过初步增菌培养的样品混合物，移取 0.1mL 增菌液转种于 10mL RV（R10）内，于（41.5±1)℃培养 8～24h。

(3) 测试片培养　将水化后的测试片置于平坦表面处放至室温，掀起上层薄膜，使用 10μL 无菌环（3mm 直径）蘸取一满环增菌液在测试片上划线，将上层薄膜轻轻盖下，用戴手套的手轻轻扫动，除去接种区域内的所有气泡，将测试片的有色面朝上水平放置，于(41.5±1)℃培养（24±2)h，叠放片数不要超过 20 片。

(4) 测试片判读　观察测试片上生长的菌落，沙门氏菌典型菌落特征为红色、深红色或棕色，并带有黄色晕圈或/和气泡的菌落，其他的蓝色、蓝绿色、绿色菌落，以及不带有晕圈和气泡的红色、深红色和棕色菌均为非沙门氏菌。

(5) 生化确认

① 确认片培养。挑选 5 个可疑菌落，并在测试片的上层薄膜上进行标记，掀起上层薄膜，插入回温至室温的确认片，使之与凝胶层贴合，将上层薄膜轻轻盖下，用戴手套的手轻轻扫动，除去接种区域内的所有气泡，确保薄膜、确认片和凝胶层接触良好，水平放置，于（41.5±1)℃培养 4～5h，叠放片数不要超过 20 片。

② 确认片判读。取出确认片，观察被标记的菌落的颜色变化。若标记的菌落颜色变为蓝绿色、蓝色，或者黑色，或者菌落周围带有蓝色沉淀环，则判为生化确认的沙门氏菌。从测试片凝胶层上挑取生化确认的菌落接种营养琼脂平板，按 GB 4789.4—2024 进行多价血清鉴定。若标记的菌落颜色保留红色、深红色或棕色且不带有蓝色沉淀的，则为非沙门氏菌。

(6) 结果与报告　综合以上测试片、生化确认和血清学鉴定结果，报告 25g（mL）样品中检出或未检出沙门氏菌。

(7) 注意事项

① 本法适用于食品中沙门氏菌的定性检测。

② 使用过的测试片和确认片需及时按照生物安全废弃物处理原则进行处理。

③ 测试片和确认片储存于 2～8℃，有效期 18 个月，使用前应回温至室温。

4. 任务评价及考核

(1) 对测试片法快速测定沙门氏菌的步骤、结果报告进行自评和小组互评。

（2）教师考核各小组操作的准确性。

（3）根据师生评价结果及时改进。

子任务2　金黄色葡萄球菌的快速检测——测试片法

1. 材料准备

（1）仪器和设备　恒温培养箱；电子天平（感量0.1g）；均质器（旋刀式或拍击式）或等效的设备；pH计或精密pH试纸；移液管［1mL（具0.01mL刻度）、10mL（具0.1mL刻度）］或移液器及吸头；测试片压板；放大镜或/和菌落计数器。

（2）培养基和试剂　无菌生理盐水；磷酸盐缓冲液；1mol/L NaOH；1mol/L HCl。

（3）金黄色葡萄球菌测试片和金黄色葡萄球菌确认反应片（3M公司）。

（4）快速检测程序　见图7-9。

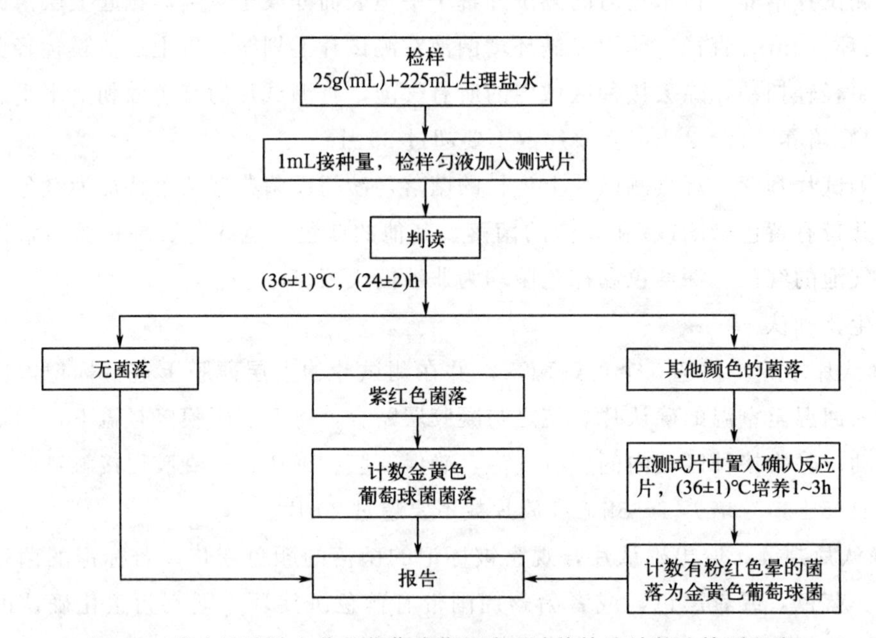

图7-9　冷水可溶性金黄色葡萄球菌凝胶测试片快速计数法检测程序

2. 工作流程

各小组查询和学习SN/T 4546—2017《商品化试剂盒检测方法　金黄色葡萄球菌　方法一》中有关规定，确定本任务所需用品种类及数量的清单→准备和清点材料→设计任务实施方案→讨论、修改方案→任务实施→反馈改进。

3. 操作步骤

（1）样品制备

① 固体和半固体样品。称取25g样品置盛有225mL磷酸盐缓冲液或生理盐水的无菌均质杯中，以8000～10000r/min均质1～2min，或放入盛有225mL磷酸盐缓冲液或生理盐水的无菌均质袋中，用拍击式均质器拍打1～2min，制成1：10的样品匀液。

② 液体样品。以无菌吸管吸取25mL样品置盛有225mL磷酸盐缓冲液或生理盐水的无菌锥形瓶（瓶内预置适当数量的无菌玻璃珠）中，充分混匀，制成1∶10的样品匀液。样品匀液的pH值应为6.5～7.5，pH值过低或过高时可分别采用1mol/L NaOH或1mol/L HCl予以调节。

如为冷冻产品，应在45℃以下不超过15min，或2～5℃不超过18h解冻。

③ 用1mL无菌吸管或微量移液器吸取1∶10样品匀液1mL，沿管壁缓缓注入含9mL磷酸盐缓冲液或生理盐水的无菌试管中（注意吸管或吸头尖端不要触及稀释液面），振摇试管，使其混合均匀，制成1∶100的样品匀液。

④ 按上一步操作程序，依次制成10倍递增系列稀释样品匀液。每递增稀释1次，换用1支1mL无菌吸管或吸头。从制备样品匀液至样品接种完毕，全过程不得超过15min。

（2）接种和培养

① 选取2～3个适宜的连续稀释度的样品匀液（液体样品可以选择原液），每个稀释度接种2张测试片。同时，分别吸取1mL磷酸盐缓冲液或生理盐水加入两张测试片内作为空白对照。

② 接种。将金黄色葡萄球菌测试片置于平坦实验台面，揭开上层膜，用吸管吸取1mL样品匀液垂直滴加在测试片的中央，将上层膜缓慢盖下，避免气泡产生和上层膜直接落下，把压板（平面底朝下）放置在上层膜中央，轻轻地压下，使样液均匀覆盖于圆形的培养面积上。拿起压板，静置至少1min以使培养基凝固。

③ 培养。将测试片的透明面朝上，水平置于培养箱内，堆叠片数不超过20片，在(36±1)℃条件下培养（24±2)h。

④ 确认反应。如果上述测试片上没有菌落生长或菌落全部是紫红色（典型的金黄色葡萄球菌特征），无需进行确认；如果测试片上出现黑色、蓝绿色菌落或紫红色菌落不明显，需使用确认反应片进一步确认。

将上层膜掀起，将确认反应片置入测试片的培养范围内，再将上层膜放下覆盖在确认反应片上，用手指以滑动的方式轻轻将测试片与确认反应片压紧，包括确认反应片的边缘，此步骤可使测试片与确认反应片紧密接触并除去气泡，最后把插入确认反应片的测试片放在（36±1)℃的培养箱内培养1～3h。

（3）菌落计数

① 判读。可用肉眼观察，必要时用放大镜或菌落计数器，记录稀释倍数和相应的金黄色葡萄球菌菌落数量。菌落计数以菌落形成单位（CFU）表示。

在金黄色葡萄球菌测试片上，紫红色的菌落直接计数为金黄色葡萄球菌；需要使用确认反应片确认时，计数有粉红色晕圈的菌落。没有粉红色晕圈的菌落不是金黄色葡萄球菌，不应被计数。如果整个培养面积呈粉红色而没有明显的晕圈，说明金黄色葡萄球菌大量存在，结果记录为“多不可计”。培养圆形面积边缘上及边缘以外的菌落不计数。

② 菌落计数。

a. 选取菌落数在15～150CFU之间的测试片计数金黄色葡萄球菌菌落总数。低于

15CFU 的测试片记录具体菌落数，大于 150CFU 的记录为多不可计。每个稀释度的金黄色葡萄球菌菌落数应采用两个测试片的平均数。

b. 若只有一个稀释度的测试片的菌落数在适宜计数范围内，计算两个测试片金黄色葡萄球菌菌落数的平均值，再将平均值乘以相应稀释倍数，作为每克（或每毫升）样品中金黄色葡萄球菌菌落总数结果。

c. 若有两个连续稀释度的测试片菌落数在适宜计数范围内，按式（7-4）计算。

$$N=\Sigma a/[(n_1+0.1n_2)d] \tag{7-4}$$

式中 N——样品中金黄色葡萄球菌总数；

Σa——测试片（含适宜范围菌落数的平板）金黄色葡萄球菌菌落数之和；

n_1——第一稀释度（低稀释倍数）测试片个数；

n_2——第二稀释度（高稀释倍数）测试片个数；

d——稀释因子（第一稀释度）。

d. 若所有稀释度测试片上的菌落数都小于 15CFU，则应按稀释度最低的测试片上的平均菌落数乘以稀释倍数计算。

e. 若所有稀释度（包括液体样品原液）的测试片上均无菌落生长，则以小于 1 乘以最低稀释倍数计算。

f. 若所有稀释度的测试片菌落数均不在 15～150CFU 之间，其中一部分小于 15CFU 或大于 150CFU 时，则以最接近 15CFU 或 150CFU 的平均菌落数乘以稀释倍数计算。计数菌落数大于 150CFU 的测试片时，可计数一个或两个具有代表性的方格内的菌落数，换算成单个方格内的菌落数后乘以 20 即为测试片上估算的菌落数（圆形生长面积为 $20cm^2$）。

（4）报告

① 金黄色葡萄球菌总数小于 100CFU 时，按“四舍五入”原则修约，以整数报告。

② 金黄色葡萄球菌总数大于或等于 100CFU 时，第 3 位数字采用“四舍五入”原则修约后，取前 2 位数字，后面用 0 代替位数；也可用 10 的指数形式来表示，按“四舍五入”原则修约后，采用两位有效数字。

③ 若空白对照上有菌落生长，则此次检测结果无效。

④ 称重取样以 CFU/g 为单位报告，体积取样以 CFU/mL 为单位报告。

将检验结果记录于表 7-4 中。

表 7-4 测试片法检验金黄色葡萄球菌的记录表

样品名称		样品编号	
检验依据/方法			
检验日期		检验人	
样品制备	1∶10 匀液：　g/mL 样品＋　mL 稀释液		
	调节前 pH 值：	调节后 pH 值：	

续表

检验结果				
选用稀释度	10		10	
测试片菌落数				
培养条件	温度：		时间：	
确认反应片菌落数				
培养条件	温度：		时间：	
标准值			实测值	
单项检验结论				

4. 任务评价及考核

（1）完成测试片法检验金黄色葡萄球菌原始记录表的填写。

（2）对测试片法快速检测金黄色葡萄球菌的步骤、结果报告进行自评和小组互评。

（3）教师考核各小组操作的准确性。

（4）根据师生评价结果及时改进。

子任务 3　大肠杆菌 O157:H7 快速检测——微孔板法

1. 材料准备

（1）仪器和设备　恒温培养箱；均质器（小于 12000r/min）；高压灭菌锅；科玛嘉大肠杆菌 O157:H7 显色琼脂平板；VIDAS 自动酶联免疫检测仪或其他等效产品；VITEK 自动微生物生化鉴定仪或其他等效产品；铂铱或镍铬丝接种环（直径约 3mm）；玻璃 L 棒；电子天平（精确值 0.001g）；移液枪及枪头（1mL、0.2mL）；洗板机；酶标仪（波长 450nm）；微生物实验室通用玻璃器皿；移液管；玻皿等。

（2）培养基和主要试剂

① 改良 E. C 新生霉素增菌肉汤［m(EC)n］。

成分：胰蛋白胨 20.0g，3 号胆盐 1.12g，乳糖 5.0g，无水磷酸氢二钾 4.0g，无水磷酸二氢钾 1.5g，氯化钠 5.0g，水 1000.0mL。制法：将上述成分溶于水后校正 pH 值至 6.9±1，分装后置 121℃高压灭菌 15min，取出过滤灭菌的新生霉素溶液 20mg/L 加入，使最终浓度为 20μg/L。

② 山梨醇麦康凯琼脂（SMAC）。

成分：蛋白胨 17.0g，月示胨 3.0g，猪胆盐（或牛、羊胆盐）5.0g，氯化钠 5.0g，琼脂 17.0g，水 1000.0mL，山梨醇 10.0g，0.01%结晶紫水溶液 10.0mL，0.5%中性红水溶液 5.0g，1%亚碲酸钾溶液（最终量为）2.5mL。制法：将蛋白胨、月示胨、胆盐和氯化钠溶解于 400mL 蒸馏水中，校正 pH 值至 7.2，将琼脂加入 600mL 蒸馏水中加热溶解，将两液合并，分装于锥形瓶内高压灭菌（121℃、15min备用）。临用前加热熔化琼脂，趁热加入山梨醇，冷却至50～55℃时加入结晶紫和中性红溶液并加入过滤灭菌的亚碲酸钾溶液，使最终浓度为2.5mg/L，并加入头孢克肟（cefixime），使最终浓度为0.05mg/L。

③ 月桂基磷酸盐胰蛋白胨MUG肉汤（LST-MUG）。

成分：胰蛋白胨或胰酪胨（Tryticase）20.0g，氯化钠5.0g，乳糖5.0g，磷酸二氢钾2.75g，磷酸氢二钾2.75g，月桂基磷酸钠0.1g，四甲基伞形酮B葡萄糖醛苷酸（MUG）0.1g，水1000.0mL。制法：将上述成分溶解于蒸馏水中，分装到有倒立发酵管的试管中，每管10mL，于121℃高压灭菌15min，最终pH值6.8±0.2。

④ Tecra™ 微孔板法大肠杆菌O157快速检测试剂盒、VIDAS或VIDASUP O157:H7测试条或其他等效产品。

⑤ 含新生霉素的缓冲胰蛋白胨大豆肉汤（BTSB+N）。

成分：胰蛋白胨17g，大豆蛋白胨3.0g，磷酸氢二钾4.0g，氯化钠5.0g，葡萄糖2.5g，蒸馏水1000mL。或采用以下配方：胰蛋白胨大豆肉汤（TSB）30g，硫酸氢二钾1.5g，蒸馏水1000mL。

检查pH值为7.2～7.6。如有必要，用1mol/L盐酸或1mol/L氢氧化钠调节pH值。然后高压灭菌121℃，15min。冷却到室温后，添加5mL过滤灭菌好的新生霉素（4mg/mL，水溶液）到1L的培养基。新生霉素的终浓度为20mg/L。新生霉素应在培养基灭菌后添加。

⑥ Imbentin补充液。试剂瓶中盛有50mL的Imbentin补充液：在沸水浴中加热或用100℃蒸汽处理15min，过程中保持瓶口微微松开，试剂瓶直立。然后，取出试剂瓶，冷却至室温（20～25℃）。注意：Imbentin在受蒸汽处理后会分两层，等恢复到室温后，盖紧瓶盖，翻转数次以使溶液混合。标上灭菌日期后，于10℃以上保存。使用时，按规定添加到增菌肉汤中。

（3）检测程序　见图7-10。

2. 工作流程

各小组查询和学习SN/T 0973—2010《进出口肉、肉制品及其他食品中肠出血性大肠杆菌O157:H7检测方法》中有关规定，确定本任务所需用品种类及数量的清单→准备和清点材料→设计任务实施方案→讨论、修改方案→任务实施→反馈改进。

3. 操作步骤

（1）增菌及处理

① 熟肉制品。无菌操作称取制备好的试样25g放入含225mL m(EC)n增菌肉汤的均质容器中，置（41±1）℃培养18～24h。

② 生肉制品。无菌操作称取制备好的试样25g放入含225mL m(EC)n增菌肉汤的500mL灭菌广口瓶中，然后再添加2.25mL的Imbentin补充液，置（41±1）℃培养

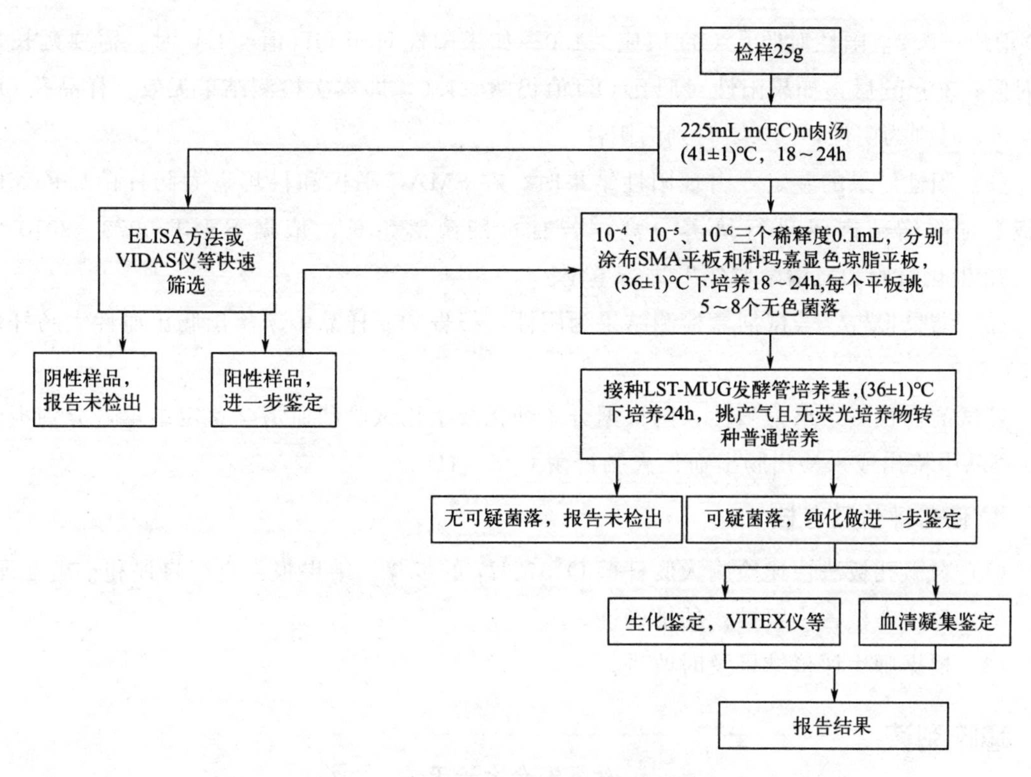

图 7-10 大肠杆菌 O157:H7 的检测流程

18～24h。

③ 其他食品。无菌操作称取制备好的试样 25g 放入含 225mL BTSB 增菌肉汤的 500mL 灭菌广口瓶中，置（41±1)℃培养 18～24h。

（2）Tecra 试剂盒检测

① 检测前，将 Tecra ELISA 试剂盒置室温（20～25℃）10min。

② 将前述增菌液样品热处理，添加 50μL 的样品添加物到合适的试管中，然后再加入 1mL 增菌液到同一试管内，充分混合。

③ 进行热处理，在沸水浴中将试管加热 15min 后，将试管冷却到室温。

④ 每个微孔加入 200μL 的阳性/阴性对照液或 200μL 热处理过的样品，于（36±1)℃反应 30min。吸取每个样品时需换用新的移液器吸头。

⑤ 倾除检测板微孔中的溶液，用洗液充满每个微孔，注意不要将气泡滞留于孔板底部，洗涤检板 3 次。

⑥ 每个微孔加入 200μL 的标记结合物，用塑料薄膜封住微孔后，于（36±1)℃反应 30min。

⑦ 按⑤冲洗检测板微孔 4 次。

⑧ 每个微孔加入 200μL 的底物，置于室温（20～25℃）条件下，放置 15min。

⑨ 每个微孔添加 20μL 终止液。轻敲孔板边缘以混合内容物，然后在 30min 内判读结果。

⑩ 结果可依据试剂盒说明用肉眼判读或用酶标仪判读。酶标仪判读时，阴性对照孔

OD 值应＜0.2，阳性对照孔 OD 值应＞1.0。如果阳性对照 OD 值＜1.0 时，需要延长显色时间；30min 后，如果阳性对照孔 OD 值仍然＜1.0，即本次检测结果无效。样品孔 OD 值＜0.2 时判为阴性，≥0.2 时判为阳性。

（3）阳性结果的鉴定　出现阳性结果时，在 SMAC 平板和科玛嘉大肠杆菌显色琼脂平板上对原增菌肉汤进行培养分离，若有可疑菌落生长，依据 SN/T 0973—2010 中“8.1.3 生化试验和血清学鉴定”进行鉴定。

（4）结果报告　若试剂盒检测结果为阴性，报告 25g 样品中未检出肠出血性大肠杆菌 O157∶H7。

若试剂盒检测结果为阳性，则根据分离纯化及生化试验和血清学鉴定结果，分别报告 25g 样品中检出或未检出肠出血性大肠杆菌 O157∶H7。

4. 任务评价及考核

（1）对微孔板法快速检测大肠杆菌 O157∶H7 的步骤、结果报告进行自评和小组互评。

（2）教师考核各小组操作的准确性。

（3）根据师生评价结果及时改进。

趣味阅读

食品安全大于天

在当今社会，食品安全问题日益受到人们的关注。食品安全事关人民群众的身体健康和生命安全，是关系国计民生的重大问题。为了保障人民群众的饮食安全，我们必须加强对食品中常见致病菌的检验工作，从源头防止食品安全事故的发生。只有这样，我们才能构建一个食品安全的社会环境，让人民群众吃得放心、吃得安心。

第一，我们要认识到食品安全问题的严重性。近年来，我国发生了多起食品安全事件，如“三聚氰胺奶粉”“地沟油”“瘦肉精”事件等，这些事件给人民群众的生命健康带来了极大的危害，也严重影响了社会的和谐稳定。因此，我们必须高度重视食品安全问题，切实加强食品安全监管，确保人民群众的饮食安全。

第二，我们要加强食品中常见致病菌的检验工作。食品中常见的致病菌有沙门氏菌、大肠杆菌、金黄色葡萄球菌等，这些细菌在食物中繁殖生长，可能导致食物中毒，严重时甚至危及生命。因此，我们要加强对食品中致病菌的检验工作，对生产、加工、销售等环节进行全面检查，确保食品安全。同时，我们还要加强食品生产企业的自我管理，提高企业自律意识，切实履行社会责任。

第三，我们要加强食品安全法律法规的宣传和教育。要让广大人民群众了解食品安全法律法规，知道如何维护自己的合法权益，提高食品安全意识。同时，我们要加强对食品生产经营者的法制教育，让他们明白违法必究、守法有利的道理，自觉遵守法律法规，诚信经营。

复习思考题

一、判断题

1. 细菌在测试片上生长显示红色圆形斑点。（ ）

2. 若只有一个稀释度测试片上的菌落数在适宜计数范围内，计算两个测试片菌落数的平均值，再将平均值乘以相应稀释倍数，作为1g（mL）样品中菌落总数结果。（ ）

3. ATP荧光检测仪是通过检测荧光信号的强度，从而得知待测目标被细菌污染的程度。因此，ATP的检测可以作为判断是否洁净的指标。（ ）

4. ATP荧光仪的合格参考值的确定应科学合理，要根据不同品牌ATP荧光检测、ATP荧光试剂、被检测对象洁净度不同要求等具体情况和对一定量的监测数据进行统计学分析来确定。（ ）

5. 菌落总数大于100 CFU时，按“四舍五入”原则修约，以整数报告。（ ）

6. 霉菌酵母菌测试片的检测原理是利用了特异性酶与特异性显色底物反应的原理，使目标菌与非目标菌呈现可以明显区别的不同特异性颜色。霉菌和酵母菌在纸片上生长后会显示红色斑点。（ ）

7. 在金黄色葡萄球菌测试片上，金黄色的菌落直接计数为金黄色葡萄球菌。（ ）

8. 对沙门氏菌测试片进行观察，呈蓝绿色的菌落为沙门氏菌。（ ）

9. 使用后的金标卡按照相关要求，灭菌后妥善处理。（ ）

10. 从细菌学分类学上看，O157:H7大肠杆菌属肠杆菌科埃希菌属的大肠埃希菌种，即大肠杆菌种。在有致病性的大肠杆菌中，属致泻性大肠杆菌。（ ）

二、单项选择题

1. 10^{-1} 测试片的菌落数为多不可计；10^{-2} 测试片的菌落数分别为126CFU，128CFU；10^{-3} 测试片的菌落数分别为23CFU，20CFU。请问该待检样品的菌落总数报告为（ ）CFU/g。

A. 13000　　B. 12700　　C. 21500　　D. 22000

2. 金黄色葡萄球菌测试片的培养条件为（ ）。

A. (36±1)℃，(24±2)h　　B. (30±1)℃，(48±2)h

C. (36±1)℃，(48±2)h　　D. (30±1)℃，(24±2)h

3. 胶体金速测卡上的字母T表示（ ），用来（ ）。

A. 检测线，判断检测结果为阴性还是阳性

B. 质控线，判断检测结果为阴性还是阳性

C. 检测线，速测卡本身是否有效

D. 质控线，速测卡本身是否有效

4. 胶体金免疫色谱卡上字母C表示（ ），用来（ ）。

A. 检测线，判断检测结果为阴性还是阳性

B. 质控线，判断检测结果为阴性还是阳性

C. 检测线，速测卡本身是否有效

D. 质控线，速测卡本身是否有效

5. 沙门氏菌胶体金速测卡采用（　　）原理。

A. 竞争法　　B. 双抗体夹心　　C. 间接法　　D. 直接法

6. 沙门氏菌胶体金速测卡检测样品，结果显示区出现 C 红、T 不显色现象，说明样品为（　　）。

A. 阴性　　B. 阳性　　C. 无效　　D. 无法判定

7. 沙门氏菌胶体金速测卡检测样品，显示区只出现 T 显色现象，说明样品为（　　）。

A. 阳性　　B. 阴性　　C. 无效　　D. 无法判定

三、多项选择题

1. 菌落总数测试片是一种预先制备好的一次性培养基产品，含有（　　）、（　　）和（　　），菌落在测试片上呈红色。

A. 标准的营养培养基　　B. 冷水可溶性的吸水凝胶

C. 脱氢酶指示剂　　D. 靛酚

2. 微生物测试片除了用于食品微生物检测，还可用于环境卫生监测，如（　　）。

A. 沉降实验　　B. 滤膜法　　C. 棉拭子实验　　D. 涂抹实验

3. 菌落总数测试片与传统检测方法相比，优势在于（　　）。

A. 操作简单　　B. 携带方便

C. 污染小　　D. 形成有色菌落，便于计数

4. 食品中金黄色葡萄球菌快速检验的方法有（　　）。

A. 测试片法　　B. 显色培养基法　　C. 免疫学法　　D. 分子生物学法

5. 沙门氏菌胶体金速测卡的结构包括（　　）。

A. 样品垫　　B. 胶体金垫　　C. 硝酸纤维素膜　　D. 吸收垫

四、简答题

1. 纸片法快速测定细菌总数的原理是什么？简述其操作步骤。

2. ATP 生物发光法测定细菌总数的原理是什么？

3. 阻抗法测定细菌总数的原理是什么？

4. 致病菌的快速检测有哪几类主要方法？

5. 讨论沙门氏菌的快速筛检方法。

6. 简述金黄色葡萄球菌的 3M 快速测试过程。

附录一
微生物检验常用染色液配制

一、普通染色法常用染液

1. 吕氏碱性亚甲蓝染色液

亚甲蓝 0.3g，95%乙醇 30mL，0.01%氢氧化钾溶液 100mL。将亚甲蓝溶解于乙醇中，然后与氢氧化钾溶液混合。

2. 石炭酸复红染色液

A 液：碱性复红 0.3g，95%乙醇 10mL；B 液：石炭酸 5.0g，蒸馏水 95mL。

将碱性复红在研钵中研磨后，逐渐加入 95%乙醇，继续研磨使其溶解，配成 A 液；将石炭酸溶解于水中，配成 B 液；混合 A 液与 B 液即成。通常可将此混合液稀释 5～10 倍使用，稀释液易变质失效，一次不宜多配。

二、革兰氏染色液配制

1. 结晶紫染色液

结晶紫 2g，95%乙醇 20mL，1%草酸铵 80mL。将结晶紫溶解于乙醇中，然后与草酸铵溶液混合。

2. 革兰氏碘液

碘 1g，碘化钾 2g，蒸馏水 300mL。先将碘化钾溶于 3～5mL 蒸馏水中，然后加碘片，并摇荡，使碘片完全溶解后，再加蒸馏水至足量。

3. 沙黄复染液

沙黄 0.25g，95%乙醇 10mL，蒸馏水 90mL。将沙黄溶解于 95%乙醇溶液中，加蒸馏水 90mL。

三、芽孢染色液

1. 5%孔雀绿染色液

孔雀绿 5g，蒸馏水 100mL。先将孔雀绿在研钵内研磨，加少许 95%酒精溶解，再加入蒸馏水定容。

2. 0.5%番红水溶液

将 0.5g 番红染料溶解于 100mL 蒸馏水中。

3. 苯酚品红溶液

碱性品红 10g，无水乙醇 100mL，5%苯酚溶液 100mL。将碱性品红溶解于无水乙醇中混合，取 10mL 与 100mL 5%的苯酚溶液混合，过滤备用。

4. 黑色素溶液

黑色素 10g，蒸馏水 100mL，甲醛 0.5mL。称取水溶性黑色素 10g 溶于 100mL 蒸馏水中，置沸水浴中 30min 后，滤纸过滤两次，补加水到 100mL，加 0.5mL 甲醛，备用。

四、荚膜染色液

1. 5%黑色素水溶液

黑色素 5g，蒸馏水 100mL，甲醛（40%）0.5mL。将黑色素在蒸馏水中煮沸 5min，然后加入 40%甲醛作为防腐剂。

2. 墨汁染色液

国产绘图墨汁 40mL，甘油 2mL，石炭酸溶液 2mL。先将墨汁用多层纱布过滤，加甘油混匀后，水浴加热，再加石炭酸搅匀，冷却后备用。用作荚膜的背景染色。

五、硝酸银鞭毛染色液

A 液：单宁酸 5g，$FeCl_3$ 1.5g，福尔马林 100mL，NaOH（1%）1.0mL。配好后，当日使用，次日效果差，第三日则不宜使用。

B 液：$AgNO_3$ 2g，蒸馏水 100mL。待 $AgNO_3$ 溶解后，取出 10mL 备用，向其余的 90mL $AgNO_3$ 中滴入浓 NH_4OH，使之成为很浓厚的悬浮液，再继续滴加 NH_4OH，直到新形成的沉淀又重新开始溶解为止。再将备用的 10mL $AgNO_3$ 慢慢滴入，则出现“薄雾”，但轻轻摇动后，“薄雾”状沉淀又消失。再滴入 $AgNO_3$，直到摇动后仍呈现轻微而稳定的“薄雾”状沉淀为止。如所呈“雾”不重，此染剂可使用一周，如“雾”重，则银盐沉淀出，不宜使用。

六、乳酸石炭酸棉蓝染色液

石炭酸 10g，蒸馏水 10mL，乳酸（相对密度 1.21）10mL，棉蓝 0.02g，甘油 20mL。将石炭酸加在蒸馏水中加热溶解，然后加入乳酸和甘油，最后加入棉蓝，使其溶解即成。

七、亚甲蓝染液

在盛有 52mL 95％乙醇和 44mL 四氯乙烷的锥形瓶中，慢慢加入 0.6g 亚甲蓝，旋摇锥形瓶，使其溶解。于 5～10℃下，放置 12～24h，然后加入 4mL 冰醋酸。用质量好的滤纸过滤，贮存于清洁的密闭容器内。

附录二 微生物检验常用培养基及试剂配制

1. 牛肉膏蛋白胨培养基（又称肉汤培养基，培养细菌）

（1）成分　牛肉膏 5g，蛋白胨 10g，NaCl 5g。

（2）制法　将上述物质溶解后，用蒸馏水定容至 1000mL，调节 pH 值至 7.0～7.2。在肉汤培养基中加入 15～20g 的琼脂，即制成牛肉膏蛋白胨固体培养基。

2. LB 培养基（培养大肠杆菌）

（1）成分　胰蛋白胨 10g，酵母膏 5g，NaCl 10g。

（2）制法　将上述物质溶解后，用蒸馏水定容至 1000mL，调节 pH 值至 7.0±0.2。

3. 麦芽汁琼脂培养基（培养酵母菌）

（1）成分　麦芽汁提取物 20g，蛋白胨 1g，葡萄糖 20g，琼脂 15g。

（2）制法　称取蛋白胨、葡萄糖、琼脂，加入麦芽汁提取物、适量蒸馏水，加热溶化，用蒸馏水补足至 1000mL，分装后于 121℃灭菌 20min。

4. 马铃薯葡萄糖琼脂培养基（PDA 培养基）

（1）成分　马铃薯（去皮切块）200g，葡萄糖 20g，琼脂 15～20g，蒸馏水 1000mL。

（2）制法　将 200g 马铃薯去皮，切成小薄片，加水 1000mL，加热到 80℃，保温 1h，或煮沸 20min 后，用纱布过滤。滤液中加入 20g 葡萄糖、15～20g 琼脂，用蒸馏水定容至 1000mL。

5. 孟加拉红培养基（又叫虎红培养基）

（1）成分　蛋白胨 5g，葡萄糖 10g，磷酸二氢钾 1g，硫酸镁 0.5g，琼脂 20g，1/3000 孟加拉红溶液 100mL，蒸馏水 1000mL，氯霉素 0.1g。

（2）制法　上述各成分加入蒸馏水中溶解后，再加孟加拉红溶液。另用少量乙醇溶解氯霉素，加入培养基中，分装后，于 121℃灭菌 20min。用途：分离霉菌及酵母。

6. 察氏培养基（分离、培养霉菌）

（1）成分　蔗糖 30g，硝酸钠（$NaNO_3$）3g，磷酸氢二钾（K_2HPO_4）1g，硫酸镁（$MgSO_4 \cdot 7H_2O$）0.5g，氯化钾（KCl）0.5g，硫酸亚铁（$FeSO_4 \cdot 7H_2O$）0.01g，琼脂 15～20g，蒸馏水 1000mL。

（2）制法　将上述物质溶解后，用蒸馏水定容至1000mL。

7. MY培养基（霉菌和酵母菌的传代保藏）

（1）成分　酵母膏3g，麦芽汁3g，蛋白胨5g，葡萄糖10g，琼脂20g。

（2）制法　将上述物质溶解后，用蒸馏水定容至1000mL。

8. 伊红亚甲蓝培养基（可用于检测水中大肠杆菌的含量）

（1）成分　蛋白胨10g，乳糖10g，磷酸氢二钾2g，琼脂25g，2%伊红水溶液20mL，0.5%亚甲蓝水溶液13mL。

（2）制法　先将蛋白胨、乳糖、磷酸氢二钾和琼脂混匀，加热溶解后，调pH值至7.4，115℃湿热灭菌20min，然后加入已分别灭菌的伊红液和亚甲蓝液，充分混匀，防止产生气泡。待培养基冷却到50℃左右倒平皿。

9. 平板计数琼脂培养基（PCA）

（1）成分　胰蛋白胨5.0g，酵母浸粉2.5g，葡萄糖1.0g，琼脂15.0g，蒸馏水1000mL。

（2）制法　将上述成分加于蒸馏水中，煮沸溶解，调节pH值至7.0±0.2。分装于试管或锥形瓶中，于121℃高压灭菌15min。

10. 月桂基硫酸盐胰蛋白胨肉汤（LST）

用于大肠菌群的检测，大肠杆菌的计数，金黄色葡萄球菌的检测。

（1）成分　胰蛋白胨或胰酪胨20.0g，氯化钠5.0g，乳糖5.0g，磷酸氢二钾2.75g，磷酸二氢钾2.75g，月桂基磺酸钠0.1g，蒸馏水1000mL。

（2）制法　将上述成分溶解于蒸馏水中，调节pH值至6.8±0.2，分装到有玻璃小导管的试管中，每管10mL，于121℃高压灭菌15min。

11. 煌绿乳糖胆盐肉汤（BGLB，用于大肠菌群的检测）

（1）成分　蛋白胨10.0g，乳糖10.0g，牛胆粉溶液200.0mL，0.1%煌绿水溶液13.3mL，蒸馏水1000mL。

（2）制法　将蛋白胨、乳糖溶解于500mL蒸馏水中，加入牛胆粉溶液200.0mL（将20.0g脱水牛胆粉溶于200mL的蒸馏水中，pH值7.0～7.5），用蒸馏水稀释到975mL，调节pH值至7.2±0.1，再加入0.1%煌绿水溶液13.3mL，用蒸馏水补足到1000mL，用棉花过滤后，分装到有玻璃小导管的试管中，每管10mL，于121℃高压灭菌15min。

12. 脑心浸出液肉汤　BHI（用于金黄色葡萄球菌的检测）

（1）成分　胰蛋白胨10.0g，氯化钠5.0g，磷酸氢二钠（$Na_2HPO_4 \cdot 12H_2O$）2.5g，葡萄糖2.0g，牛心浸出液500mL。

（2）制法　加热溶解，调节pH值至7.4±0.2，分装于16mm×160mm试管中，每管5mL，于121℃灭菌15min。

13. MRS 培养基（用于食品中乳酸菌检测）

（1）成分　蛋白胨 10.0g，牛肉浸粉 10.0g，酵母浸粉 5.0g，葡萄糖 20.0g，吐温 80 1.0mL，磷酸氢二钾 2.0g，乙酸钠 5.0g，柠檬酸三铵 2.0g，硫酸镁 0.1g，硫酸锰 0.05g，琼脂粉 15.0g，蒸馏水 1000mL。

（2）制法　将上述成分加入蒸馏水中，加热溶解，调节 pH 值至 6.2±0.2，分装后于 121℃高压灭菌 15min。

14. MC 培养基（用于食品中乳酸菌检测）

（1）成分　大豆蛋白胨 5.0g，牛肉浸粉 5.0g，酵母浸粉 5.0g，葡萄糖 20.0g，乳糖 20.0g，碳酸钙 10.0g，琼脂 15.0g，蒸馏水 1000mL，1%中性红溶液 5.0mL。

（2）制法　将前面 7 种成分加入蒸馏水中，加热溶解，调节 pH 值至 6.0±0.2，加入中性红溶液。分装后于 121℃高压灭菌 15min。

15. 缓冲蛋白胨水 BPW（用于阪崎杆菌检验和沙门氏菌的前增菌）

（1）成分　蛋白胨 10.0g，氯化钠 5.0g，磷酸氢二钠 9.0g，磷酸二氢钾 1.5g，蒸馏水 1000mL。

（2）制法　加热搅拌至溶解，调节 pH 值至 7.2±0.2，于 121℃高压灭菌 15min。

16. 结晶紫中性红胆盐琼脂 VRBA

（1）成分　蛋白胨 7.0g，酵母膏 3.0g，乳糖 10.0g，氯化钠 5.0g，胆盐或 3 号胆盐 1.5g，中性红 0.03g，结晶紫 0.002g，琼脂 15～18g，蒸馏水 1000mL。

（2）制法　将上述成分溶于蒸馏水中，静置几分钟，充分搅拌，调节 pH 值至 7.4±0.1。煮沸 2min，将培养基冷却至 45～50℃倾注平板。使用前临时制备，不得超过 3h。

17. 兔血浆

取柠檬酸钠 3.8g，加蒸馏水 100mL，溶解后过滤，装瓶，于 121℃高压灭菌 15min。

取 3.8%柠檬酸钠溶液一份，加兔全血四份，混合静置（或以 3000r/min 离心 30min），使血液细胞下降，即可得血浆。

18. 血琼脂平板

（1）成分　豆粉琼脂（pH 值 7.5±0.2）100mL，脱纤维羊血（或兔血）5～10mL。

（2）制法　加热熔化琼脂，冷却至 50℃，以无菌操作加入脱纤维羊血，摇匀，倾注平板。

19. Baird-Parker 琼脂平板

（1）成分　胰蛋白胨 10.0g，牛肉膏 5.0g，酵母膏 1.0g，丙酮酸钠 10.0g，甘氨酸 12.0g，氯化锂（$LiCl \cdot 6H_2O$）5.0g，琼脂 20.0g，蒸馏水 950mL。

（2）增菌剂的配法　30%卵黄盐水 50mL 与经过除菌过滤的 1%亚碲酸钾溶液 10mL 混合，保存于冰箱内。

（3）制法　将各成分加到蒸馏水中，加热煮沸至完全溶解，调节 pH 值至 7.0±0.2。

分装每瓶 95mL，121℃高压灭菌 15min。临用时加热熔化琼脂，冷却至 50℃，每 95mL 加入预热至 50℃ 的卵黄亚碲酸钾增菌剂 5mL，摇匀倾注平板。培养基应是致密不透明的。使用前在冰箱储存不得超过 48h。

20. 营养琼脂小斜面

（1）成分　蛋白胨 10.0g，牛肉膏 3.0g，氯化钠 5.0g，琼脂 15.0～20.0g，蒸馏水 1000mL。

（2）制法　将除琼脂以外的各成分溶解于蒸馏水内，加入 15%氢氧化钠溶液约 2mL，调节 pH 值至 7.2～7.4。加入琼脂，加热煮沸，使琼脂溶化，分装于 13mm×130mm 管中，于 121℃高压灭菌 15min。

21. 半固体琼脂

（1）成分　牛肉膏 3.0g，蛋白胨 10.0g，氯化钠 5.0g，琼脂 4.0g，蒸馏水 1000mL。

（2）制法　按以上成分配好，煮沸溶解，调节 pH 值至 7.2±0.2，分装于小试管中，于 121℃高压灭菌 15min。直立凝固备用。

注：供动力观察、菌种保存、H 抗原位相变异试验等用。

22. 四硫磺酸钠煌绿（TTB）增菌液

（1）基础液　蛋白胨 10.0g，牛肉膏 5.0g，氯化钠 3.0g，碳酸钙 45.0g，蒸馏水 1000mL。

除碳酸钙外，将各成分加入蒸馏水中，煮沸溶解，再加入碳酸钙，调节 pH 值至 7.2±0.2，于 121℃高压灭菌 20min。

（2）硫代硫酸钠溶液　称取硫代硫酸钠（含 5 个结晶水）50.0g，蒸馏水加至 100mL，于 121℃高压灭菌 20min，备用。

（3）碘溶液　碘片 20.0g、碘化钾 25.0g，蒸馏水加至 100mL。

将碘化钾充分溶解于少量的蒸馏水中，再投入碘片，振摇玻瓶至碘片全部溶解为止，然后加蒸馏水至规定的总量，贮存于棕色瓶内，塞紧瓶盖备用。

（4）0.5% 煌绿水溶液　煌绿 0.5g，蒸馏水 100mL。溶解后，存放暗处，不少于 1d，使其自然灭菌。

（5）牛胆盐溶液　牛胆盐 10.0g，蒸馏水 100mL。加热煮沸至完全溶解，于 121℃高压灭菌 20min。

（6）制法　基础液 900mL，硫代硫酸钠溶液 100mL，碘溶液 20.0mL，煌绿水溶液 2.0mL，牛胆盐溶液 50.0mL。临用前，按上列顺序，以无菌操作依次加入基础液中，每加入一种成分，均应摇匀后再加入另一种成分。

23. 亚硒酸盐胱氨酸（SC）增菌液

（1）成分　蛋白胨 5.0g，乳糖 4.0g，磷酸氢二钠 10.0g，亚硒酸氢钠 4.0g，L-胱氨酸 0.01g，蒸馏水 1000mL。

（2）制法　除亚硒酸氢钠和 L-胱氨酸外，将各成分加入蒸馏水中，煮沸溶解，冷却至55℃以下，以无菌操作加入亚硒酸氢钠和1g/L的L-胱氨酸溶液10mL（称取0.1g L-胱氨酸，加1mol/L氢氧化钠15mL，使溶解，再加无菌蒸馏水至100mL即成，如为D，L-胱氨酸，用量应加倍）。摇匀，调节pH值至7.2±0.2。

24. 亚硫酸铋（BS）琼脂

（1）成分　蛋白胨10.0g，牛肉膏5.0g，葡萄糖5.0g，硫酸亚铁0.3g，磷酸氢二钠4.0g，煌绿0.025g或5.0g/L水溶液5.0mL，柠檬酸铋铵2.0g，亚硫酸钠6.0g，琼脂18.0～20.0g，蒸馏水1000mL。

（2）制法　将前三种成分加入300mL蒸馏水中（制作基础液），硫酸亚铁和磷酸氢二钠分别加入20mL和30mL蒸馏水中，柠檬酸铋铵和亚硫酸钠分别加入另一20mL和30mL蒸馏水中，琼脂加入600mL蒸馏水中。然后分别搅拌均匀，煮沸溶解。冷却至80℃左右时，先将硫酸亚铁和磷酸氢二钠混匀，倒入基础液中，混匀。将柠檬酸铋铵和亚硫酸钠混匀，倒入基础液中，再混匀。调节pH值至7.5±0.2，随即倾入琼脂液中，混合均匀，冷却至50～55℃。加入煌绿溶液，充分混匀后立即倾注培养皿。

注：本培养基不需要高压灭菌，在制备过程中不宜过分加热，避免降低其选择性，贮于室温暗处，超过48h会降低其选择性，本培养基宜于当天制备，第二天使用。

25. HE琼脂

（1）成分　蛋白胨12.0g，牛肉膏3.0g，乳糖12.0g，蔗糖12.0g，水杨苷2.0g，胆盐20.0g，氯化钠5.0g，琼脂18.0～20.0g，蒸馏水1000mL，0.4%溴麝香草酚蓝溶液16.0mL，Andrade指示剂20.0mL，甲液20.0mL，乙液20.0mL。

（2）制法　将前面七种成分溶解于400mL蒸馏水内作为基础液；将琼脂加入600mL蒸馏水内。然后分别搅拌均匀，煮沸溶解。加入甲液和乙液于基础液内，调节pH值至7.5±0.2。再加入指示剂，并与琼脂液合并，待冷却至50～55℃倾注培养皿。

注：① 本培养基不需要高压灭菌，在制备过程中不宜过分加热，避免降低其选择性。

② 甲液的配制。硫代硫酸钠34.0g，柠檬酸铁铵4.0g，蒸馏水100mL。

③ 乙液的配制。去氧胆酸钠10.0g，蒸馏水100mL。

④ Andrade指示剂。酸性复红0.5g，1mol/L氢氧化钠溶液16.0mL，蒸馏水100mL。

将复红溶解于蒸馏水中，加入氢氧化钠溶液。数小时后如复红褪色不全，再加氢氧化钠溶液1～2mL。

26. 木糖赖氨酸脱氧胆盐（XLD）琼脂

（1）成分　酵母膏3.0g，L-赖氨酸5.0g，木糖3.75g，乳糖7.5g，蔗糖7.5g，去氧胆酸钠2.5g，柠檬酸铁铵0.8g，硫代硫酸钠6.8g，氯化钠5.0g，琼脂15.0g，酚红0.08g，蒸馏水1000mL。

（2）制法　除酚红和琼脂外，将其他成分加入400mL蒸馏水中，煮沸溶解，调节pH值至7.4±0.2。另将琼脂加入600mL蒸馏水中，煮沸溶解。

将上述两溶液混合均匀后，再加入指示剂，待冷却至50～55℃倾注培养皿。

注：①本培养基不需要高压灭菌，在制备过程中不宜过分加热，避免降低其选择性，贮于室温暗处。

②本培养基宜于当天制备，第二天使用。

27. 三糖铁（TSI）琼脂

（1）成分　蛋白胨20.0g，牛肉膏5.0g，乳糖10.0g，蔗糖10.0g，葡萄糖1.0g，硫酸亚铁铵（含6个结晶水）0.2g，酚红0.025g或5.0g/L溶液5.0mL，氯化钠5.0g，硫代硫酸钠0.2g，琼脂12.0g，蒸馏水1000mL。

（2）制法　除酚红和琼脂外，将其他成分加入400mL蒸馏水中，煮沸溶解，调节pH值至7.4±0.2。另将琼脂加入600mL蒸馏水中，煮沸溶解。将上述两溶液混合均匀后，再加入指示剂，混匀，分装试管，每管2～4mL，于121℃高压灭菌10min或115℃、15min，灭菌后制成高层斜面，冷却后呈橘红色。

28. 尿素琼脂

（1）成分　蛋白胨1.0g，氯化钠5.0g，葡萄糖1.0g，磷酸二氢钾2.0g，0.4%酚红3.0mL，琼脂20.0g，蒸馏水1000mL，20%尿素溶液100mL。

（2）制法　除尿素、琼脂和酚红外，将其他成分加入400mL蒸馏水中，煮沸溶解，调节pH值至7.2±0.2。另将琼脂加入600mL蒸馏水中，煮沸溶解。将上述两溶液混合均匀后，再加入指示剂，分装，于121℃高压灭菌15min。冷却至50～55℃，加入经除菌过滤的尿素溶液。尿素的最终浓度为2%。分装于无菌试管内，制成斜面备用。

（3）试验方法　挑取琼脂培养物接种，在（36±1）℃培养24h，观察结果。尿素酶阳性者由于产碱而使培养基变为红色。

29. 氰化钾（KCN）培养基

（1）成分　蛋白胨10.0g，氯化钠5.0g，磷酸二氢钾0.225g，磷酸氢二钠5.64g，蒸馏水1000mL，0.5%氰化钾20.0mL。

（2）制法　将除氰化钾以外的成分加入蒸馏水中，煮沸溶解，分装后于121℃高压灭菌15min。放在冰箱内使其充分冷却。每100mL培养基加入0.5%氰化钾溶液2.0mL（最后浓度为1∶10000），分装于无菌试管内，每管约4mL，立刻用无菌橡皮塞塞紧，放在4℃冰箱内，至少可保存两个月。同时，将不加氰化钾的培养基作为对照培养基，分装试管备用。

（3）试验方法　将琼脂培养物接种于蛋白胨水内成为稀释菌液，挑取1环接种于氰化钾（KCN）培养基。并另挑取1环接种于对照培养基。在（36±1）℃培养1～2d，观察结果。如有细菌生长即为阳性（不抑制），经2d细菌不生长为阴性（抑制）。

注：氰化钾是剧毒药，使用时应小心，切勿沾染，以免中毒。夏天分装培养基应在冰箱内进行。试验失败的主要原因是封口不严，氰化钾逐渐分解，产生氢氰酸气体逸出，以致药物浓度降低，细菌生长，因而造成假阳性反应。试验时对每一环节都要特别注意。

30. 赖氨酸脱羧酶试验培养基

（1）成分　蛋白胨 5.0g，酵母浸膏 3.0g，葡萄糖 1.0g，蒸馏水 1000mL，1.6%溴甲酚紫 1.0mL，L-赖氨酸或 D，L-赖氨酸 0.5g/100mL 或 1.0g/100mL。

（2）制法　将除赖氨酸以外的成分加热溶解后分装，每瓶 100mL，分别加入赖氨酸。L-赖氨酸按 0.5%加入，D，L-赖氨酸按 1%加入，调节 pH 值至 6.8±0.2，对照培养基不加赖氨酸。分装于无菌的小试管内，每管 0.5mL，上面滴加一层液体石蜡，于 115℃高压灭菌 10min。

（3）试验方法　从琼脂斜面上挑取培养物接种，于（36±1）℃培养 18～24h，观察结果。氨基酸脱羧酶阳性者由于产碱，培养基应呈紫色。阴性者无碱性产物，但因葡萄糖产酸而使培养基变为黄色。对照管应为黄色。

31. 0.85%灭菌生理盐水

（1）成分　氯化钠 8.5g，蒸馏水 1000mL。

（2）制法　称取 8.5g 氯化钠溶于 1000mL 蒸馏水中，于 121℃高压灭菌 15min。

32. 磷酸盐缓冲溶液

（1）成分　磷酸二氢钾（KH_2PO_4）34.0g，蒸馏水 500mL。

（2）制法

① 贮存液：称取 34.0g 的磷酸二氢钾溶于 500mL 蒸馏水中，用大约 175mL 的 1mol/L 氢氧化钠溶液调节 pH 值至 7.2，用蒸馏水稀释至 1000mL 后贮存于冰箱。

② 稀释液：取贮存液 1.25mL，用蒸馏水稀释至 1000mL，分装于适宜容器中，于 121℃高压灭菌 15min。

33. 1mol/L NaOH

（1）成分　NaOH 40.0g，蒸馏水 1000mL。

（2）制法　称取 40g 氢氧化钠溶于 1000mL 蒸馏水中，于 121℃高压灭菌 15min。

34. 1mol/L HCl

（1）成分　HCl 90mL，加蒸馏水至 1000mL。

（2）制法　量取浓盐酸 90mL，用蒸馏水稀释至 1000mL，于 121℃高压灭菌 15min。

复习思考题部分参考答案

绪论

一、单项选择题

1. B　2. A　3. D　4. B　5. C

二、多项选择题

1. ABCDE　2. ABCE　3. ABCDE

项目一

一、单项选择题

1. C　2. C　3. B　4. D　5. C　6. D　7. B　8. A　9. D

二、判断题

1. √　2. √　3. √　4. √　5. √

三、填空题

1. 牛肉膏蛋白胨培养基，高氏1号培养基

2. 7～7.5，4.5～6

项目二

一、单项选择题

1. B　2. D　3. C

项目三

一、单项选择题

1. B　2. C　3. A　4. A

二、填空题

1. 无菌生理盐水、无菌磷酸盐缓冲溶液

2. 25g，25mL

3. GB 4789.2—2022

4. CFU

四、案例分析

$$N=\frac{208+215}{2}\times 10^{3}$$

$$=211500$$

$$\approx 210000=2.1\times 10^{5}(\text{CFU/mL})$$

由于 $2.1\times10^5<2.0\times10^6$，所以该生鲜乳的菌落总数符合要求。

项目四

一、单项选择题

1. C　　2. D

二、多项选择题

1. ABD　　2. AD　　3. AC

三、填空题

1. GB 4789.3—2016《食品安全国家标准　食品微生物学检验　大肠菌群计数》

2. 乳糖，阴性

3. LST，(36±1)℃，(24±2) h。

项目五

一、判断题

1. ×　　2. √

二、填空题

1. 第二法，显微镜

2. 28℃，3，5

3. 霍华德霉菌计测片；显微镜；50；百分比

项目六

一、判断题

1. √　　2. √　　3. √　　4. √　　5. √

二、单项选择题

1. B　　2. B　　3. A　　4. B　　5. D

项目七

一、判断题

1. √　　2. √　　3. √　　4. √　　5. ×　　6. ×　　7. ×　　8. √　　9. √
10. √

二、单项选择题

1. A　　2. A　　3. A　　4. D　　5. B　　6. A　　7. C

三、多项选择题

1. ABC　　2. ABCD　　3. ABCD　　4. ABCD　　5. ABCD

参考文献

[1] 杨玉红，陈淑范，原克波．食品微生物学［M］．武汉：武汉理工大学出版社，2023.
[2] 杨玉红，孙秀青．食品微生物检验技术［M］．武汉：武汉理工大学出版社，2016.
[3] 杨玉红．食品微生物学［M］．北京：北京轻工业出版社，2011.
[4] 刘兰泉，刘建峰．食品微生物检验技术［M］．北京：化学工业出版社，2013.
[5] 李自刚，李大伟．食品微生物检验技术［M］．北京：中国轻工业出版社，2018.
[6] 姚勇芳，司徒满泉．食品微生物检验技术［M］．北京：科学出版社，2017.
[7] 罗红霞，王建．食品微生物检验技术［M］．北京：中国轻工业出版社，2019.
[8] 雅梅．食品微生物检验技术［M］．2版．北京：化学工业出版社，2019.
[9] 袁贵英，钱爱东．食品微生物与检验［M］．3版．北京：中国农业出版社，2017.
[10] 王晓峨，李燕．食品微生物检验［M］．北京：中国农业出版社，2017.
[11] 潘嫣丽，尹小琴．食品微生物［M］．北京：中国质检出版社，2016.
[12] 贾洪锋．食品微生物［M］．重庆：重庆大学出版社，2015.
[13] 段鸿斌．食品微生物检验技术［M］．重庆：重庆大学出版社，2015.
[14] 刘兰泉．食品微生物检测技术［M］．重庆：重庆大学出版社，2013.
[15] 吴祖芳．现代食品微生物学［M］．杭州：浙江大学出版社，2017.
[16] 刘斌．食品微生物检验［M］．北京：中国轻工业出版社，2013.
[17] 梁新乐．现代微生物学实验指导［M］．杭州：浙江工商大学出版社，2014.
[18] 唐劲松，徐安书．食品微生物检测技术［M］．北京：中国轻工业出版社，2017.
[19] 刘用成．食品微生物检验技术［M］．北京：中国轻工业出版社，2017.
[20] 王延璞，王静．食品微生物检验技术［M］．北京：化学工业出版社，2019.
[21] 陈红霞，张冠卿．食品微生物学及实验技术［M］．2版．北京：化学工业出版社，2019.
[22] 严晓玲，牛红云．食品微生物检测技术［M］．北京：中国轻工业出版社，2023.
[23] 宁喜斌．食品微生物检验学［M］．北京：中国轻工业出版社，2019.
[24] 刘俊，杨忠，王翀．可食性包装材料质量检验［M］．北京：中国质检出版社，2017.
[25] 范丽平，潘嫣丽．食品微生物检验技术［M］．北京：中国农业大学出版社，2021.
[26] 刘素纯，贺稚非，等．食品微生物检验［M］．北京：科学出版社，2013.
[27] 谢增鸿．食品安全分析与检测技术［M］．北京：化学工业出版社，2010.
[28] 段丽丽．食品安全快速检测［M］．北京：北京师范大学出版社，2017.
[29] 姚瑞祺，雷琼．农产品快速检测［M］．北京：中国农业大学出版社，2021.
[30] 刘用成．食品安全快速检测微生物检验技术［M］．北京：中国轻工业出版社，2012.
[31] 王延璞，王静．食品微生物检验技术［M］．北京：化学工业出版社，2014.
[32] 谢增鸿．食品安全分析与检测技术［M］．北京：化学工业出版社，2010.